Wissenschaftliche Reihe Fahrzeugtechnik Universität Stuttgart

Herausgegeben von
M. Bargende, Stuttgart, Deutschland
H.-C. Reuss, Stuttgart, Deutschland
J. Wiedemann, Stuttgart, Deutschland

Das Institut für Verbrennungsmotoren und Kraftfahrwesen (IVK) an der Universität Stuttgart erforscht, entwickelt, appliziert und erprobt, in enger Zusammenarbeit mit der Industrie, Elemente bzw. Technologien aus dem Bereich moderner Fahrzeugkonzepte. Das Institut gliedert sich in die drei Bereiche Kraftfahrwesen, Fahrzeugantriebe und Kraftfahrzeug-Mechatronik. Aufgabe dieser Bereiche ist die Ausarbeitung des Themengebietes im Prüfstandsbetrieb, in Theorie und Simulation. Schwerpunkte des Kraftfahrwesens sind hierbei die Aerodynamik, Akustik (NVH), Fahrdynamik und Fahrermodellierung, Leichtbau, Sicherheit, Kraftübertragung sowie Energie und Thermomanagement – auch in Verbindung mit hybriden und batterieelektrischen Fahrzeugkonzepten. Der Bereich Fahrzeugantriebe widmet sich den Themen Brennverfahrensentwicklung einschließlich Regelungs- und Steuerungskonzeptionen bei zugleich minimierten Emissionen, komplexe Abgasnachbehandlung, Aufladesysteme und -strategien, Hybridsysteme und Betriebsstrategien sowie mechanisch-akustischen Fragestellungen. Themen der Kraftfahrzeug-Mechatronik sind die Antriebsstrangregelung/Hybride, Elektromobilität, Bordnetz und Energiemanagement, Funktions- und Softwareentwicklung sowie Test und Diagnose. Die Erfüllung dieser Aufgaben wird prüfstandsseitig neben vielem anderen unterstützt durch 19 Motorenprüfstände, zwei Rollenprüfstände, einen 1:1-Fahrsimulator, einen Antriebsstrangprüfstand, einen Thermowindkanal sowie einen 1:1-Aeroakustikwindkanal. Die wissenschaftliche Reihe „Fahrzeugtechnik Universität Stuttgart" präsentiert über die am Institut entstandenen Promotionen die hervorragenden Arbeitsergebnisse der Forschungstätigkeiten am IVK.

Herausgegeben von
Prof. Dr.-Ing. Michael Bargende
Lehrstuhl Fahrzeugantriebe,
Institut für Verbrennungsmotoren und
Kraftfahrwesen, Universität Stuttgart
Stuttgart, Deutschland

Prof. Dr.-Ing. Jochen Wiedemann
Lehrstuhl Kraftfahrwesen,
Institut für Verbrennungsmotoren und
Kraftfahrwesen, Universität Stuttgart
Stuttgart, Deutschland

Prof. Dr.-Ing. Hans-Christian Reuss
Lehrstuhl Kraftfahrzeugmechatronik,
Institut für Verbrennungsmotoren und
Kraftfahrwesen, Universität Stuttgart
Stuttgart, Deutschland

Weitere Bände in dieser Reihe http://www.springer.com/series/13535

Benjamin Kaal

Phänomenologische Modellierung der stationären und transienten Stickoxidemissionen am Dieselmotor

Benjamin Kaal
Stuttgart, Deutschland

Zugl.: Dissertation Universität Stuttgart, 2016

D93

Wissenschaftliche Reihe Fahrzeugtechnik Universität Stuttgart
ISBN 978-3-658-18489-6   ISBN 978-3-658-18490-2   (eBook)
DOI 10.1007/978-3-658-18490-2

Die Deutsche Nationalbibliothek verzeichnet diese Publikation in der Deutschen National-
bibliografie; detaillierte bibliografische Daten sind im Internet über http://dnb.d-nb.de abrufbar.

Gedruckt auf säurefreiem und chlorfrei gebleichtem Papier

Springer Vieweg ist Teil von Springer Nature
Die eingetragene Gesellschaft ist Springer Fachmedien Wiesbaden GmbH
Die Anschrift der Gesellschaft ist: Abraham-Lincoln-Str. 46, 65189 Wiesbaden, Germany

Vorwort

Die vorliegende Arbeit entstand während meiner Tätigkeit als wissenschaftlicher Mitarbeiter am Institut für Verbrennungsmotoren und Kraftfahrwesen (IVK) der Universität Stuttgart unter der Leitung von Herrn Prof. Dr.-Ing. M. Bargende, sowie meiner anschließenden Tätigkeit als Mitarbeiter am Forschungsinstitut für Kraftfahrwesen und Fahrzeugmotoren Stuttgart (FKFS).

An dieser Stelle danke ich besonders Herrn Prof. Dr.-Ing. M. Bargende für die sehr gute wissenschaftliche Betreuung während der Durchführung dieser Arbeit. Herrn Prof. Dr.-Ing. P. Eilts danke ich für die Übernahme des Korreferats.

Herrn Dr.-Ing. M. Grill gebührt mein besonderer Dank für die hervorragende Unterstützung in allen Phasen der Entstehung dieser Arbeit sowie für die vielen anregenden fachlichen Diskussionen. Bei meinen Kollegen bedanke ich mich für die stets sehr gute Zusammenarbeit, welche durch große Hilfsbereitschaft sowie ein außergewöhnlich gutes Arbeitsklima geprägt war. Bei allen beteiligten Studenten bedanke ich mich für ihre Mitarbeit, welche ihren Teil zum Gelingen dieser Arbeit beigetragen hat.

Bei meinem Kollegen Herrn Dipl.-Ing. M. Sosio bedanke ich mich besonders für die sehr gute Zusammenarbeit im Rahmen unseres gemeinsamen Forschungsprojekts sowie seinen unverzichtbaren Einsatz bei der Durchführung der umfangreichen Messkampagne.

Der Forschungsvereinigung Verbrennungskraftmaschinen e.V. (FVV) und der Arbeitsgemeinschaft industrieller Forschungsvereinigungen e.V. (AiF), welche durch die finanzielle Förderung des Forschungsprojekts „Instationäre Emissionsmodellierung" diese Arbeit erst ermöglicht haben gilt ebenfalls mein Dank.

Stuttgart   Benjamin Kaal

Inhaltsverzeichnis

Abbildungsverzeichnis

Tabellenverzeichnis

Zusammenfassung

Die zukünftige Abgasgesetzgebung mit strengeren Emissionsgrenzen, dynamischeren Fahrzyklen und RDE setzten einen Fokus auf transiente Emissionen [1], [2]. Außerdem erfordert der ständig steigende Entwicklungsaufwand den massiven Einsatz von Simulationen in der Entwicklung um die Kosten und die Entwicklungszeit ausreichend niedrig zu halten. Aus diesem Grund wurden die transienten Emissionen eines V6 Dieselmotors mittels schneller Abgasmesstechnik vermessen, um ein Emissionsmodell zur Vorhersage der transienten Stickstoffmonoxid Emissionen zu entwickeln.

Basierend auf der Untersuchung bereits existierender Emissionsmodelle zur Vorhersage der Stickstoffoxidemissionen wurde das Emissionsmodell nach Kožuch aufgrund seiner guten Vorhersagefähigkeit und seines soliden phänomenologischen Aufbaus als Grundlage für das erweiterte Emissionsmodell ausgewählt. Um das Modell nach Kožuch zu verbessern und mögliche Schwachstellen zu identifizieren wurden umfangreiche Messungen durchgeführt sowie mit den Vorhersagen des Modells verglichen.

Die schnelle Abgasmesstechnik, welche für die Messungen verwendet wurde, lieferte Ergebnisse mit einer zeitlichen Auflösung in der Größenordnung von einigen Grad Kurbelwinkel. Mit ihr wurden sowohl transiente als auch statische Messungen bei unterschiedlichen Betriebsbedingungen durchgeführt und analysiert. Die Analysen zeigten hierbei einen direkten Einfluss der Zylinderwandtemperatur auf die Stickstoffmonoxidemissionen.

Um diesen Effekt im erweiterten Emissionsmodell zu berücksichtigen wurde die verbrannte Zone, in welcher die Bildung des Stickstoffmonoxids stattfindet, in zwei Pseudo-Zonen aufgeteilt: die Rand- und die Kernzone. Basierend auf der Theorie der Wandwärmeverluste wurde für die Randzone eine Temperatur angenommen, welche zu niedrig für die Bildung von Stickstoffmonoxid ist. Die Dicke dieser Randzone wurde als Funktion der Zylinderwandtemperatur approximiert.

Weitere Untersuchungen am Emissionsmodell nach Kožuch haben eine zusätzliche Schwäche offenbart, welche insbesondere für die Vorhersage von transienten Emissionen relevant ist. Das von Kožuch entworfene Modell ist

nicht in der Lage die Stickstoffmonoxidemissionen für beinahe stöchiometrische Bedingungen vorherzusagen. Solche Bedingungen können jedoch sowohl bei Volllast als auch bei Beschleunigungsvorgängen von modernen
Dieselmotoren auftreten. Um diesem Problem zu begegnen wurde die Kernzone weiter unterteilt in zwei zusätzliche Pseudo-Zonen: die fette und die
stöchiometrische Zone. Während die stöchiometrische Zone die Temperatur
und Zusammensetzung der Kernzone und damit der ursprünglichen verbrannten Zone behält, wurde die fette Zone mit einer fetten Zusammensetzung und einer entsprechend reduzierten Temperatur modelliert. Der Anteil
der fetten Zone wurde mittels einer Approximation als Funktion des globalen
Verbrennungsluftverhältnisses bestimmt.

Das erweiterte Modell, mit beiden Erweiterungen, wurde abschließend durch
den Vergleich der gemessenen mit den simulierten Stickoxidemissionen des
gesamten Kennfeldes validiert. Außerdem wurden verschiedene Lastsprünge
simuliert, bei denen die Effekte der Brennraumwandtemperatur bzw. der
beinahe stöchiometrische Zusammensetzung sichtbar waren. Sowohl die
stationären als auch die transienten Simulationen zeigten eine verbesserte
Vorhersagefähigkeit des erweiterten Modells gegenüber dem Modell nach
Kožuch. Insbesondere die Fähigkeit die Stickoxidemissionen für beinahe
stöchiometrische Bedingungen vorherzusagen ist eine wichtige Verbesserung, da das Modell nach Kožuch überhaupt nicht in der Lage ist für diese
Bedingungen Vorhersagen zu liefern.

Abstract

Upcoming legislation, including more stringent emissions limits, more dynamic driving cycles and real driving emissions, set a focus on transient emissions. Meanwhile, the ever-increasing development efforts necessitate the massive use of simulations to keep costs low and development time reasonable short. To address these points, transient emissions on a V6 diesel engine were measured using fast emissions measurement instrumentation to develop an emission model for the prediction of transient nitrogen oxide emissions.

Based on research about existing simulation models for the prediction of nitrogen oxide emissions the emission model proposed by Kožuch was chosen as the foundation for an enhanced model based on its solid phenomenological structure and good predictive capability. To improve upon the existing model and to determine possible weak points, extensive measurements were undertaken and compared to the predictions of the model proposed by Kožuch.

The fast emissions measurement instrumentation used for these measurements delivered results with a temporal resolution on the order of a few degrees crank angle. Both transient and static measurements under varying conditions were conducted and analysed. These analyses revealed a direct influence of the cylinder wall temperature upon the nitrogen oxide emissions.

To include this effect in the enhanced model, the burnt zone, where the nitrogen oxide formation occurs, was divided into two pseudo zones, the boundary and the core zone. On the basis of wall heat loss theory, the boundary zone was postulated to have a temperature too low for nitrogen oxide formation to occur. The thickness of this boundary zone was then approximated as a function of cylinder wall temperature.

Further study of the base model revealed another weak point, which was especially problematic for the prediction of transient emissions: The model proposed by Kožuch cannot predict the nitrogen oxide emissions for operating points close to stoichiometric conditions. Such conditions, however, can occur during full load or accelerations in modern diesel engines. To resolve this problem, the core zone was further divided into two pseudo zones, the rich and the stoichiometric zone. While the stoichiometric zone retained the temperature and composition of the core zone and, therefore, the original burnt zone. The rich zone was modelled with a rich composition and an accordingly reduced temperature. The fraction of the rich zone was determined by an approximation as a function of the global air-fuel equivalence ratio.

The enhanced model, with both additions, then was validated by a comparison of simulated and measured nitrogen oxide emissions for the complete performance map. Furthermore, different load steps, where the effects of cylinder wall temperature and near stoichiometric conditions on nitrogen oxide emissions were evident, respectively, were simulated. Both, the static and the transient simulations showed an increase in prediction accuracy of the enhanced model compared to the base model proposed by Kožuch. Especially the ability to predict the nitrogen oxide emissions for near stoichiometric conditions is an important improvement since the model by Kožuch is not able to deliver predictions for those circumstances at all.

1 Einleitung

Der Automobilbestand stieg seit der „Erfindung" des Automobils mit der Patentanmeldung von Carl Benz' legendärem Patent-Motorwagen 1866 praktisch ständig an und dieser Trend scheint sich zumindest für die nächste Zukunft fortzusetzen. Das Automobil hat sich damit längst untrennbar in den Alltag der meisten Menschen integriert. In vielen Kulturen gilt das Automobil sogar als Statussymbol. Oft ist es jedoch auch wichtiger Bestandteil der persönlichen Freiheit: ein Mittel um jederzeit mobil zu sein. Es ist in vielen Ländern der Welt inzwischen das wichtigste Fortbewegungsmittel der Menschen geworden und damit sowohl von enormer privater als auch wirtschaftlicher Bedeutung. Eine Welt ohne Kraftfahrzeuge ist kaum mehr vorstellbar: alleine die wirtschaftlichen Auswirkungen bei einem globalen Verzicht auf Kraftfahrzeuge wären katastrophal.

So wichtig Kraftfahrzeuge auch sein mögen, durch ihre enorme Verbreitung kommt es leider auch zu negativen Folgen. Allen voran steht hier der Verbrauch von endlichen Ressourcen, vor allem in Form von Treibstoff, und in diesem Zusammenhang auch die von Kraftfahrzeugen ausgestoßenen Emissionen mit den daraus entstehenden Umweltproblemen. Diese Probleme sind jedoch alles andere als neu, obwohl ihnen heute eine gesteigerte Dringlichkeit innewohnt. Zuerst traten massive vom Kraftfahrzeugverkehr ausgelöste Umweltprobleme in einer nicht mehr hinnehmbaren Schärfe in den 1960er Jahren in Kalifornien auf. Aufgrund der besonderen geografischen Lage kam es in Los Angeles durch den Verkehr zu derart starker Smogbildung, dass dort erstmals spezielle Gesetzte erlassen wurden, welche Grenzwerte für die von Ottomotoren emittierten Abgase festschrieben [3]. Damit war die Abgasgesetzgebung geboren. In den Jahren seit dieser ersten Einführung einer Reglementierung der Emissionen von Kraftfahrzeugen in Kalifornien wurden ähnliche Gesetzte zur Beschränkung der Abgasemissionen in vielen weiteren Gebieten und Ländern erlassen. Zusätzlich wurden in der Regel nicht nur weitere Schadstoffe reglementiert sondern auch die Grenzwerte der reglementierten Schadstoffe beständig verschärft. Neben den Grenzwerten für die einzelnen Abgaskomponenten selbst sind auch die Prüfbedingungen durch Gesetze vorgeschrieben. Hier dürfte insbesondere die geplante Einführung der „Real Driving Emissions" (RDE) einen starken Einfluss auf die zukünftige Entwicklung im Automobilbereich haben.

Durch die ständige Verschärfung der gesetzlichen Rahmenbedingungen sind die Hersteller gezwungen ihre Fahrzeuge immer weiter zu verbessern um den neuen Abgasgesetzgebungen zu entsprechen. Inzwischen ist ein umweltfreundliches Fahrzeug dank dem gestiegenen Umweltbewusstsein in der Bevölkerung sogar zu einem entscheidenden Verkaufsargument geworden, so dass hierdurch ein zusätzlicher Anreiz für die Hersteller entstanden ist. Für viele Kunden ist hierbei jedoch der Kraftstoffverbrauch der entscheidende Faktor, was inzwischen meist in direktem Konflikt mit der Einhaltung von Abgasgrenzwerten steht. Das erreichte technische Niveau in Bezug auf Emissionen ist nämlich inzwischen derart hoch, dass eine weitere Reduzierung der Emissionen aufgrund der erreichten Komplexität meist unvermeidlich zu einem steigenden Kraftstoffverbrauch führt.

Da sich alternative Antriebe noch nicht durchsetzen konnten und bei vielen dieser Technologien auch nicht abzusehen ist, ob sie die in sie gesetzten Erwartungen erfüllen können, ist die weitere beständige Verbesserung der momentan vorherrschenden Technologie zwingend notwendig. Der ansteigende Anteil an PKW mit Dieselmotoren lässt sich auf eine solche beständige Verbesserung zurückführen: Die Zeiten, in denen der Dieselmotor als laut, dreckig, unkomfortabel und träge galt sind inzwischen längst vorbei. Viele Fahrer schätzen inzwischen sogar die durch die Weiterentwicklung erreichte dieseltypische Leistungsentfaltung mit einem hohen Drehmoment bereits ab geringen Drehzahlen. Durch den besseren Wirkungsgrad der Dieselmotoren können sie überdies mit einem günstigeren Verbrauch punkten, der zusammen mit dem durch steuerliche Vorteile günstigeren Kraftstoff zu niedrigeren Betriebskosten führt.

Umwelttechnisch hat der Dieselmotor jedoch Prinzip bedingt immer noch mit einigen Nachteilen zu kämpfen. Zwar sind die Rohemissionen von z. B. Kohlenstoffmonoxid geringer als bei einem Ottomotor, allerdings ermöglicht der geregelte Dreiwegekatalysator dort eine äußerst elegante Reduzierung der Kohlenwasserstoff-, Kohlenstoffmonoxid- und Stickoxidemissionen. Aufgrund der mageren Abgaszusammensetzung ist eine solche Technik beim Dieselmotor nicht anwendbar. Hierdurch wird die Abgasnachbehandlung beim Dieselmotor aufwendig und teuer. Entsprechend wurden in den letzten

Jahren immer aufwendigere Abgasnachbehandlungssysteme für Dieselmotoren notwendig um die aktuellen Emissionsgrenzwerte einhalten zu können. Diese Systeme umfassen Dieseloxidationskatalysatoren, NO_x-Speicherkatalysatoren, Katalysatoren für eine selektive katalytische Reduktion mittels Ammoniak sowie Dieselrußpartikelfilter. Alleine die Vielzahl an Kombinationsmöglichkeiten der Systeme (inklusive einer eventuellen Integration mehrere Systeme in einem Bauteil) macht die Entwicklung eines optimalen Abgasnachbehandlungssystems für Dieselmotoren äußert komplex und aufwendig. Zusätzlich ist bei der Auslegung des Abgasnachbehandlungssystems noch die Reihenfolge der verschiedenen Komponenten zu berücksichtigen. Hier ergeben sich zwangsweise weitere Konflikte, da der Light-Off der verschiedenen Abgasnachbehandlungskomponenten, unter anderem durch die ständig steigenden Wirkungsgrade der Dieselmotoren und die damit sinkenden Abgastemperaturen, immer schwerer zu erreichen ist. Ein Faktor, der sich verschärft, je weiter stromabwärts im Abgasstrang eine Komponente angeordnet ist.

Zusätzlich ermöglicht bereits die dieselmotorische Verbrennung eine vielfältige Beeinflussung der innermotorischen Entstehung der relevanten Schadstoffe. Oftmals zusätzlich verkompliziert durch sich gegenseitig ausschließende Anforderungen, wie sie z. B. von der bekannten Ruß-NO_x-Schere beschrieben werden. Es ergibt sich also bereits innermotorisch die Frage nach dem am besten umsetzbaren Gesamtkonzept. Da die innermotorische Schadstoffentstehung den ersten Schritt in der Wirkkette zu den Abgasemissionen darstellt und alle weiteren Schritte letztendlich nur einer nachträglichen Reduzierung bereits vorhandener Schadstoffe entspricht, erscheint es sinnvoll bereits hier möglichst niedrige Rohemissionen anzustreben.

Die beschriebene hohe Komplexität macht Motorprototypen sowie umfangreiche Prüfstandsversuche für eine Optimierung der innermotorischen Schadstoffentstehung sowie anschließenden Auslegung der Abgasnachbehandlung zeitaufwendig und teuer. Aus diesem Grund kommt der Simulation heutzutage bereits eine wichtige Stellung zu. Allerdings ist die Simulation der innermotorischen Schadstoffentstehung ebenfalls sehr anspruchsvoll, was für die Modellklasse der 0- und 1-dimensionalen Simulation hauptsächlich auf die starke Abhängigkeit der Emissionen von Inhomogenitäten zurückzuführen ist. Trotzdem ist gerade diese Modellkategorie von großer Relevanz, da sie nicht nur eine kurze Rechenzeit aufweist sondern auch Analysen von Motorkonzepten ohne vorhandene detaillierte Geometriedaten ermöglicht.

Diesem Umstand ist es auch geschuldet, dass es bereits einige 0-dimensionale Modelle zur Vorhersage von Stickoxid- sowie zum Teil auch Rußpartikelemissionen am Dieselmotor gibt. Diese Modelle werden jedoch in Zukunft an ihre Grenzen stoßen, da sie praktisch ausschließlich für die Vorhersage von stationären Emissionen entwickelt wurden. In der Gesetzgebung zeichnet sich jedoch bereits ab, dass die transienten Emissionen eine immer größere Bedeutung erlangen werden. Dies liegt an zunehmend transienten Fahrzyklen als Grundlage der Zertifizierung bzw. der diskutierten Einführung von RDE. Somit wird es notwendig werden auch transiente Emissionen mittels Simulationen vorhersagen zu können.

In dieser Arbeit soll deshalb ein 0-dimensionales Simulationsmodell zur Vorhersage der transienten Stickoxidemissionen am Dieselmotor vorgestellt werden. Hierdurch sollen belastbare Vorausrechnungen von Stickoxidemissionen auch für zukünftige dynamischere Testzyklen ermöglicht werden.

2 Theoretische Grundlagen

Der Dieselmotor unterscheidet sich in einigen grundlegenden Aspekten von seinem ottomotorischen Gegenstück. Das wichtigste Merkmal der dieselmotorischen Verbrennung ist hierbei die Selbstzündung: Nachdem der Dieselkraftstoff durch den Injektor direkt in den Brennraum eingebracht wurde, entzündet er sich nach kurzer Zeit, dem Zündverzug, von selbst. Aufgrund der kurzen Zeitspanne zwischen dem Einbringen des Kraftstoffs in den Brennraum und dem Beginn der Verbrennung erfolgt diese in einem stark inhomogenen Gemisch. Aus diesen Inhomogenitäten resultieren die meisten der Unterschiede zwischen dem Dieselmotor und dem Ottomotor bezogen auf die Emissionen.

2.1 Stickstoffoxide beim Dieselmotor

Aufgrund der Inhomogenitäten muss ein Dieselmotor für eine vollkommene Verbrennung stets mit einem global mageren Luftverhältnis betrieben werden: In der Kürze der zur Verfügung stehenden Zeit kann nicht der gesamte im Brennraum vorhandene Sauerstoff mit Kraftstoff in Kontakt kommen und umgesetzt werden, weshalb der Sauerstoffüberschuss notwendig ist. Hierdurch stellt sich im Betrieb für den überwiegenden Teil der Betriebsbedingungen eine magere Abgaszusammensetzung mit überschüssigem Sauerstoff ein. Der Sauerstoff im Abgas verhindert die Nutzung des beim Ottomotor verwendeten Dreiwegekatalysators, da die notwendigen Reduktionsreaktionen in einer Sauerstoffatmosphäre nicht stattfinden können. Entsprechend kann die sehr wirksame Umwandlung von schädlichen Abgaskomponenten mittels gleichzeitiger Oxidation und Reduktion wie sie im Dreiwegekatalysator abläuft nicht verwendet werden. Durch das sauerstoffreiche Abgas ist einzig die Oxidation von unverbrannten Kohlenwasserstoffen und Kohlenstoffmonoxid durch Verwendung eines Oxidationskatalysators einfach umzusetzten.

Somit fehlt beim Dieselmotor die Umwandlung von Stickstoffmonoxid in molekularen Stickstoff und Kohlenstoffdioxid (Gl. 2.1), welche beim Otto-motor vom 3-Wege-Katalysator übernommen wird.

$$2NO + 2CO \rightarrow N_2 + 2CO_2 \qquad \text{Gl. 2.1}$$

NO   Stickstoffmonoxid

CO   Kohlenstoffmonoxid

N_2 Molekularer Stickstoff

CO_2 Kohlenstoffdioxid

Alternative Systeme zur Umwandlung von Stickstoffoxiden wie der NO_x-Speicherkatalysator oder die selektive katalytische Reduktion (SCR) ermöglichen zwar auch beim Dieselmotor eine Umwandlung dieses Schadstoffes, jedoch verbunden mit deutlichen Nachteilen. Nicht nur sind zusätzliche Komponenten zur Abgasnachbehandlung notwendig, es müssen für den NO_x-Speicherkatalysator auch fette Betriebsphasen gefahren werden bzw. unverbrannte Kohlenwasserstoffe in den Abgasstrang gebracht werden. Ein SCR-Katalysator braucht mit der für seinen Betrieb notwendigen Harnstoff-lösung, welche als Ammoniakquelle für die SCR-Reaktion dient, einen weiteren Verbrauchsstoff. Da Ammoniak gesundheitsschädlich ist und sein Geruch außerdem bereits in sehr geringen Konzentrationen von 5 ppm vom Menschen wahrgenommen werden kann [4], ist zusätzlich ein nachgeschalteter Sperrkatalysator oder eine sehr gute Regelung der Harnstoffzumischung notwendig.

2.2   Bildungsmechanismen von Stickstoffoxiden

Unter dem Begriff Stickstoffoxide, oft auch verkürzt Stickoxide, werden verschiedene chemische Verbindungen aus Stickstoff und Sauerstoff zusammengefasst. Im Zusammenhang mit Verbrennungsmotoren sind praktisch nur die beiden Verbindungen Stickstoffmonoxid (NO) und Stickstoffdioxid (NO_2), welche umgangssprachlich auch unter dem Begriff nitrose Gase

(NO_x) zusammengefasst werden, von Bedeutung. Im Brennraum entsteht während der Verbrennung zunächst Stickstoffmonoxid, welches bereits dort zu einem geringen Anteil in Stickstoffdioxid aufoxidiert wird. Nach dem Verlassen des Brennraums und insbesondere in der Atmosphäre wird Stickstoffmonoxid, aufgrund des bei niedrigen Temperaturen deutlich bei Stickstoffdioxid liegenden Gleichgewichts [5], mit einer Halbwertszeit von 30 Minuten bei Raumtemperatur [4], in Stickstoffdioxid aufoxidiert. NO_2 kann bei höheren Konzentrationen in der Atemluft zu Schleimhautreizungen führen [6]. Außerdem reagiert Stickstoffdioxid mit Wasser zu Salpetersäure (HNO_3) und ist somit eine der Ursachen für die Bildung von saurem Regen mit entsprechenden Auswirkungen auf die Umwelt [7]. Zusammen mit Kohlenwasserstoffen (z. B. unverbrannte Kohlenwasserstoffe aus motorischen Verbrennungen) ist NO_2 an der Bildung von photochemischem Smog beteiligt [8].

Je nach Entstehungsmechanismus kann das während einer Verbrennung entstandene Stickoxid dabei in eine von vier Kategorien eingeteilt werden:

- Thermisches NO

- Promptes NO

- NO über Lachgas

- NO aus im Kraftstoff gebundenem Stickstoff

Bei der motorischen Verbrennung im Dieselmotor liefert das thermische NO hierbei, mit je nach Betriebsbedingungen 90-95% [9], [10], den mit Abstand größten Anteil der insgesamt emittierten Stickoxide. Die restlichen Entstehungsmechanismen spielen in der dieselmotorischen Verbrennung entsprechend eine untergeordnete Rolle [11], sollen der Vollständigkeit halber im Folgenden aber ebenfalls vorgestellt werden.

2.2.1 Thermisches Stickstoffmonoxid

Die Bildung von thermischem NO wird mithilfe des sogenannten Zeldovich-Mechanismus beschrieben (deshalb wird diese Art von NO oft auch Zeldovich-NO genannt). Dieser NO-Bildungsweg wurde 1946 erstmals von Zeldovich durch Gl. 2.2 und Gl. 2.3 beschrieben [12]. 1970 wurden diese beiden Reaktionsgleichungen von Lavoie et al. [13] um Gl. 2.4 erweitert und bilden seitdem zusammen den heute praktisch ausschließlich verwendeten erweiterten Zeldovich-Mechanismus.

$$N_2 + O \underset{k_{1r}}{\overset{k_{1v}}{\rightleftarrows}} NO + N \qquad\qquad \text{Gl. 2.2}$$

$$N + O_2 \underset{k_{2r}}{\overset{k_{2v}}{\rightleftarrows}} NO + O \qquad\qquad \text{Gl. 2.3}$$

$$N + OH \underset{k_{3r}}{\overset{k_{3v}}{\rightleftarrows}} NO + H \qquad\qquad \text{Gl. 2.4}$$

N_2 Molekularer Stickstoff

O Atomarer Sauerstoff

NO Stickstoffmonoxid

N Atomarer Stickstoff

O_2 Molekularer Sauerstoff

OH Hydroxyl-Radikal

H Atomarer Wasserstoff

k_{iv} Geschwindigkeitskoeffizient Hinreaktion $\left[\frac{cm^3}{mol \cdot s}\right]$

k_{ir} Geschwindigkeitskoeffizient Rückreaktion $\left[\frac{cm^3}{mol \cdot s}\right]$

Hierbei ist die durch Gl. 2.2 beschriebene Reaktion der geschwindigkeitsbestimmende Schritt, da in dieser Reaktion die äußerst stabilen Dreifachbindungen des molekularen Stickstoffs der Luft aufgebrochen werden müssen, was sich in einer entsprechend hohen Aktivierungsenergie von 318 kJ/mol wiederspiegelt [8]. Die Reaktionen mit dem durch Gl. 2.2 entstandenen atomaren Stickstoff gemäß Gl. 2.3 und Gl. 2.4 brauchen hingegen wesentlich weniger Energie und laufen entsprechend schneller ab. Dies wird auch in **Abbildung 2.1** deutlich, in welcher die Geschwindigkeitskoeffizienten für die drei Hinreaktionen nach Gl. 2.2 bis Gl. 2.4 über der Temperatur aufgetragen sind. Zu beachten ist hierbei die unterschiedliche Achsenskalierung um alle drei Geschwindigkeitskoeffizienten in einem Diagramm darstellen zu können. Die Geschwindigkeitskoeffizienten k_{2v} und k_{3v} sind im motorisch relevanten Bereich um mindestens 5 Magnituden größer als der Geschwindigkeitskoeffizient k_{1v}.

Aus **Abbildung 2.1** ist weiterhin zu erkennen, dass die Wahl der „richtigen" Werte für die zu Grunde gelegte Arrhenius-Gleichung und damit die Geschwindigkeitskoeffizienten aus der Vielzahl der in der Literatur angegebenen Werte keine nennenswerte Rolle spielt (siehe auch Kapitel 3.2). Die verschiedenen Berechnungsmethoden unterscheiden sich praktisch ausschließlich durch eine Verschiebung auf der Temperaturskala. Da die Modellierung einer geeigneten Temperatur zur Berechnung der Stickoxidbildung jedoch gerade die Aufgabe eines Simulationsmodells zur Bestimmung der Stickoxidemissionen ist, spielt ein reiner Versatz auf der Temperaturskala keine Rolle bei der Güte der Vorhersage. Ein solcher Versatz kann immer durch das Simulationsmodell ausgeglichen werden. Solange sich das Verhalten über der Temperatur nicht unterscheidet, hat dies keinen Einfluss auf die Vorhersagegüte.

Aus **Abbildung 2.1** lässt sich zusätzlich ablesen, dass die geschwindigkeitsbestimmende Reaktion nach Gl. 2.2 erst ab einer gewissen Temperatur in einer relevanten Geschwindigkeit abläuft. Dies lässt sich erneut mit der hohen benötigten Aktivierungsenergie zum Aufbruch der Dreifachbindungen des molekularen Stickstoffs erklären. Wird zusätzlich die begrenzte zur Verfügung stehende Zeit mit ausreichend hohen Temperaturen im Brennraum berücksichtigt, so ist mit einer merklichen Stickoxidbildung erst ab hohen Temperaturen zu rechnen. In der Literatur finden sich als untere Grenztemperatur Werte von 1700 K [14] über 2000 K [9], [15] und 2200 K [16] bis zu 2300 K [17]. Die Streuung der Werte lässt sich dadurch erklären, dass es sich bei der Stickoxidbildung über der Temperatur um einen graduellen Prozess handelt, womit keine exakte Grenztemperatur angegeben werden kann und somit die Interpretation der jeweiligen Autoren eine Rolle spielt.

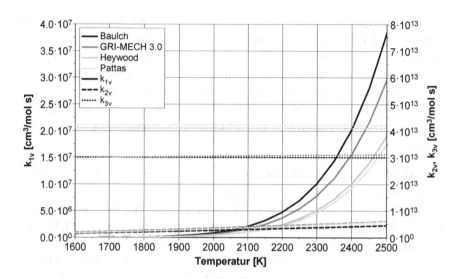

Abbildung 2.1: Geschwindigkeitskoeffizienten Hinreaktion Gl. 2.2 bis Gl. 2.4 nach [11]

Die Geschwindigkeitskoeffizienten erklären ebenfalls warum die thermische Stickoxidbildung im Verbrennungsmotor kinetisch kontrolliert ist: Für Reaktionen bis zum chemischen Gleichgewicht steht bei der vorhandenen Temperatur schlicht nicht genügend Zeit zur Verfügung. Entsprechend ergeben sich stets niedrigere Stickoxidkonzentrationen als dies für die gegebenen Bedingungen bei Betrachtung der Gleichgewichtszustände der Fall wäre. Auch die Rückreaktionen nach Gl. 2.2 und Gl. 2.3 laufen unterhalb von etwa 2000 K praktisch nicht mehr ab [18], so dass auch die Konzentration an Stickstoffmonoxid, welche im Abgas gemessen werden kann, deutlich von der Gleichgewichtskonzentration abweicht. In diesem Fall jedoch in Richtung höhere Konzentrationen.

2.2.2 Promptes Stickstoffmonoxid

Mit dem prompten Stickstoffmonoxid wurde von Fenimore 1971 ein weiterer Bildungsweg von NO beschrieben [19]. Das auf diesem Wege gebildete Stickstoffmonoxid wird deshalb auch als Fenimore-NO bezeichnet. Dieser

Bildungsweg beruht auf der Reaktion von Luftstickstoff mit CH-Radikalen unter der Bildung von Blausäure (HCN) gemäß Gl. 2.5.

Diese Reaktion läuft unmittelbar in der Flamme und wesentlich schneller ab, als die turbulente Vermischung, welche die dieselmotorische Verbrennung bestimmt, woraus sich auch die Benennung als promptes NO ableitet. Die für die Reaktion gemäß Gl. 2.5 benötigten CH-Radikale werden hauptsächlich bei einer fetten Verbrennung aus Ethin (C_2H_2, auch unter dem Trivialnamen Acetylen bekannt) gebildet. Entsprechend spielt dieser Stickoxidbildungsmechanismus nur bei (lokal) fetten Bedingungen, bei denen zusätzlich die thermische Stickoxidbildung nach dem Zeldovich-Mechanismus kaum stattfindet, eine relevante Rolle. Dafür ermöglicht die geringe Aktivierungsenergie für die Reaktion nach Gl. 2.5 eine NO-Bildung nach dem Fenimore-Mechanismus bereits ab einer Temperatur von 1000 K [11].

$$CH + N_2 \rightarrow HCN + N \qquad \text{Gl. 2.5}$$

CH   Kohlenwasserstoffradikal

N_2 Molekularer Stickstoff

HCN   Cyanwasserstoff

N   Atomarer Stickstoff

Die Bildung der notwendigen CH-Radikale ist direkt an den Verbrennungsprozess mit seinem äußerst komplexen chemischen Reaktionssystem mit mehreren Hundert Spezies und Tausenden Reaktionsgleichungen [20] gekoppelt [8]. Hierdurch ergeben sich nicht nur eine Vielzahl an möglichen Bildungswegen für die CH-Radikale sondern auch eine hohe Anzahl an Reaktionen, welche mit Gl. 2.5 um die entstandenen Radikale konkurrieren. Da die beteiligten Prozesse und chemischen Abläufe noch nicht vollständig verstanden sind, ist eine Modellierung der Stickoxidbildung nach dem Fenimore-Mechanismus nur eingeschränkt möglich.

Neuere Untersuchungen haben sogar die zentrale Stellung von Gl. 2.5 als Reaktion von Luftstickstoff mit CH-Radikalen in Frage gestellt. Ein alternativer Reaktionspfad über die Bildung von NCN gemäß Gl. 2.6 hat bei simulativen und experimentellen Untersuchungen eine bessere Übereinstimmung mit den realen Vorgängen gezeigt [21], [22].

$$CH + N_2 \rightarrow NCN + H \qquad\qquad Gl.\,2.6$$

CH   Kohlenwasserstoffradikal

N_2 Molekularer Stickstoff

NCN   Cyanonitren

H   Atomarer Wasserstoff

Es zeigt sich, dass die beteiligten Prozesse bei der Bildung von Stickstoffmonoxid nach dem Fenimore-Mechanismus sehr komplex und noch nicht vollständig verstanden sind [23]. Wird zusätzlich der geringe Anteil von 5…10% [24] dieses Bildungsweges an den insgesamt im Dieselmotor entstehenden NO – und dies nur bei fetten Bedingungen – berücksichtigt [23], scheint eine Integration des Fenimore-NO bei der Modellierung der Stickoxidbildung nicht notwendig [17], [25] und auch nicht sinnvoll.

2.2.3   Stickstoffmonoxid über Distickstoffmonoxid

Für die Bildung von Stickstoffmonoxid über Distickstoffmonoxid (N_2O, besser bekannt unter dem Trivialnamen Lachgas) ist die Dreikörperreaktion gemäß Gl. 2.7 verantwortlich. Obwohl bei dieser Reaktion die gleichen Reaktionspartner miteinander reagieren wie bei der geschwindigkeitsbestimmenden Reaktion des Zeldovich-Mechanismus gemäß Gl. 2.2, ist dank der Anwesenheit eines nicht reagierenden Stoßpartners die Bildung von Distickstoffmonoxid möglich. Das so entstandene Distickstoffmonoxid wird anschließend gemäß Gl. 2.8 durch ein Sauerstoffatom zu zwei Molekülen Stickstoffmonoxid oxidiert.

Die Anwesenheit eines zusätzlichen Stoßpartners in der Reaktion gemäß Gl. 2.7 hat jedoch nicht nur Auswirkungen auf die in der Reaktion gebildeten Verbindungen, sondern beeinflusst auch deren Kinetik maßgeblich. Im Gegensatz zur Zeldovich-Reaktion gemäß Gl. 2.2 ist der Geschwindigkeitskoeffizient der Dreikörperreaktion hauptsächlich vom Druck und nur unwesent-

lich von der Temperatur abhängig. Hierbei handelt es sich um eine grundsätzliche Eigenschaft von Dreikörperreaktionen. Da die Wahrscheinlichkeit
für das Zusammentreffen von drei Edukten äußerst gering ist, wirkt ein höhe-
rer Druck und damit im Prinzip eine höhere Konzentration der Edukte wesentlich stärker auf die Reaktionswahrscheinlichkeit als eine erhöhte Energie
aufgrund einer höheren Temperatur. Zusätzlich kann durch den nicht reagierenden Stoßpartner Energie in einer gewissen Bandbreite aufgenommen
werden, so dass sich in weiteren Temperaturgrenzen ein vorteilhaftes Energieniveau für die eigentliche Reaktion einstellen kann.

$$N_2 + O + M \rightarrow N_2O + M \qquad \text{Gl. 2.7}$$

$$N_2O + O \rightarrow NO + NO \qquad \text{Gl. 2.8}$$

N_2	Molekularer Stickstoff
O	Atomarer Sauerstoff
M	Nicht reagierender Stoßpartner
N_2O	Distickstoffmonoxid
NO	Stickstoffmonoxid

Durch die starke Druckabhängigkeit und die niedrige Aktivierungsenergie ist
die Stickstoffmonoxidbildung über Lachgas vor allem für Gasturbinen relevant [23]. Bei der motorischen Verbrennung wird dieser Bildungsmechanis-
mus für den Großteil der Stickoxidbildung bei der HCCI-Verbrennung verantwortlich gemacht [26]. Durch die Entwicklung hin zu höheren
Spitzendrücken kann dieser Mechanismus jedoch auch für konventionelle
Dieselmotoren relevanter werden. Trotzdem wird die Bildung von Stickstoffmonoxid über Lachgas in der Literatur oft als unwesentlich oder in diesem Zusammenhang erst gar nicht beschrieben [8], [18], [23], [6].

2.2.4 Stickstoffmonoxid aus Brennstoff-Stickstoff

Heutige Dieselkraftstoffe enthalten praktisch keinen Stickstoff mehr, weshalb die Konversion von im Brennstoff gebundenem Stickstoff zu Stick-

stoffmonoxid bei der motorischen Verbrennung im Straßenverkehr so gut wie keine Rolle spielt. Dieser Bildungsweg von Stickstoffmonoxid ist dementsprechend nur für Kraftstoffe niedriger Qualität wie z. B. Schweröl und die entsprechenden Einsatzgebiete sowie für Kohleverbrennung z. B. in Kraftwerken relevant [11].

Grundsätzlich wird der größte Teil des im Kraftstoff gebundenen Stickstoffs bei diesem Bildungsweg in Stickstoffmonoxid umgewandelt. Für stöchiometrische oder magere Bedingungen erfolgt die Bildung von Stickstoffmonoxid über Ammoniak (NH_3) und Cyanwasserstoff (HCN, Trivialname Blausäure) direkt bei der Verbrennung. Für fette Bedingungen kann dies aufgrund von Luftmangel nicht mehr geschehen. Allerdings werden bei der Verbrennung trotzdem Ammoniak und Blausäure gebildet, welche anschließend in der Atmosphäre zu Stickstoffmonoxid weiter reagieren.

3 Stand der Technik

Im Folgenden findet sich eine kurze Einführung in den aktuellen Stand der Technik bezogen auf die Messung und Simulation von Stickstoffmonoxid. Die vorgestellten Themen beschränken sich dabei auf die in dieser Arbeit verwendete Technik sowie die relevanten Modelle.

3.1 Stickstoffoxidmessung

Das Standardmessverfahren zur Bestimmung von Stickoxidemissionen, welches auch für die Zertifizierung von Fahrzeugen verwendet wird [27], [28], stellt die Messung mittels Chemilumineszenz-Detektor (CLD) dar. Entsprechend der Namensgebung wird bei diesem kontinuierlichen Messverfahren die Chemilumineszenz, also die Abgabe von elektromagnetischer Strahlung im Bereich des sichtbaren Lichts, welche bei verschiedenen chemischen Reaktionen vorkommt, genutzt. Im konkreten Fall der Detektion von Stickoxiden wird die Chemilumineszenz der Reaktion von Stickstoffmonoxid mit Ozon ausgenutzt.

Reagieren Stickstoffmonoxid und Ozon miteinander so entsteht Stickstoffdioxid und molekularer Sauerstoff (Gl. 3.1). Ein fester Prozentsatz (ca. 10%) der entstandenen Stickstoffdioxid-Moleküle liegt dabei zunächst in einem angeregten Zustand (NO_2^*) vor (Gl. 3.2). Dieser angeregte Zustand zeichnet sich durch ein erhöhtes Energieniveau von Elektronen in der Hülle der Stickstoffdioxid-Moleküle aus. Da dieser Zustand instabil ist, kehren die Elektronen innerhalb kurzer Zeit wieder auf ihr Basisenergieniveau zurück wobei die Differenz zwischen den beiden Energieniveaus in Form von elektromagnetischer Strahlung ($h\nu$) abgegeben wird (Gl. 3.3).

Die abgegebene Strahlung liegt mit einer Wellenlänge >450 nm [23] im sichtbaren Bereich des elektromagnetischen Spektrums und kann mittels eines Photomultipliers oder einer Photodiode gemessen werden. Die Intensität des derartig detektierten Lichts ist direkt proportional der NO Konzentration im gemessenen Abgas.

$$NO + O_3 \rightarrow NO_2 + O_2 \qquad \text{Gl. 3.1}$$

$$NO + O_3 \rightarrow NO_2^* + O_2 \qquad \text{Gl. 3.2}$$

$$NO_2^* \rightarrow NO_2 + h\nu \qquad \text{Gl. 3.3}$$

NO   Stickstoffmonoxid

O_3 Ozon

NO_2 Stickstoffdioxid

O_2 Molekularer Sauerstoff

NO_2^* Angeregtes Stickstoffdioxid

hν   Elektromagnetische Strahlung

Da angeregtes Stickstoffdioxid gemäß Gl. 3.2 nur bei der Reaktion von Stickstoffmonoxid mit Ozon entsteht, muss für die Messung der gesamten Stickoxidkonzentration, bestehenden aus NO und NO_2, einerseits Stickstoffdioxid zunächst in Stickstoffmonoxid umgewandelt und zweitens Ozon zur Verfügung gestellt werden. Die Reaktion von NO_2 zu NO erfolgt in dem vorgeschaltetem NO_2/NO-Konverter, welcher ähnlich einem Katalysator wirkt, um die Reaktion in kürzester Zeit möglichst vollständig ablaufen zu lassen. Das Ozon wird in der Regel in einem Ozongenerator direkt am Messgerät hergestellt, indem entweder purer molekularer Sauerstoff oder der Sauerstoff aus (synthetischer) Luft als Basis verwendet wird. **Abbildung 3.1** zeigt den schematischen Aufbau eines Chemilumineszenz-Detektors mit der Messkammer, dem Ozonator und dem NO_2/NO-Konverter sowie den jeweils ablaufenden chemischen Reaktionen.

Weil Stickstoffdioxid mit Wasser zu Salpetersäure (HNO_3) reagiert (siehe auch Kapitel 2.2) muss ein auskondensieren des Abgases vor der Messung durch eine beheizte Entnahmeleitung verhindert werden um eine Verfälschung der NO_2-Konzentration im Abgas zu verhindern. Die Messkammer wird durch eine Heizung ebenfalls auf einer erhöhten Temperatur gehalten. Eine weitere Beeinflussung der Messergebnisse kann durch das sogenannte Quenching auftreten. Hierbei geben die angeregten NO_2*-Moleküle die überschüssige Energie zum Rückfall auf den Grundzustand über einen Stoßpartner (hauptsächlich H_2O und CO_2) ab, bevor sie als sichtbares Licht abgestrahlt werden kann [29], [30]. Entsprechend werden zu niedrige Konzentrationen vom Messgerät bestimmt. Da der Zusammenstoß von zwei Teilchen hauptsächlich von der Konzentration der Teilchen abhängt, kann Quenching effektiv deutlich reduziert werden, indem die Messung bei sehr niedrigem Druck durchgeführt wird. CLD-Messkammern werden deshalb in der Regel mit einem partiellen Vakuum (20...40 mbar) betrieben.

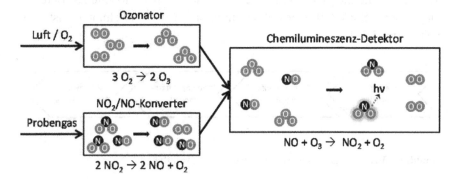

Abbildung 3.1: Funktionsschema eines Chemilumineszenz-Detektors

3.2 Stickstoffoxidmodellierung

Zur Simulation der Stickoxidemissionen eines Dieselmotors muss im Brennraum lediglich die Bildung von Stickstoffmonoxid modelliert werden. Dies folgt aus der Tatsache, dass im Brennraum zunächst ausschließlich Stickstoffmonoxid gebildet wird und sämtliches Stickstoffdioxid erst anschließend, wie in Kapitel 2.2 beschrieben, durch eine Umwandlung aus dem bereits gebildeten Stickstoffmonoxid entsteht. Zur Bildung von Stickstoffmonoxid im Brennraum eines Dieselmotors bedarf es vor allem einer hinreichend hohen Temperatur (siehe Kapitel 2.2), von der die Bildungsrate exponentiell abhängt [11]. Zusätzlich ist noch eine ausreichende Menge von Sauerstoff sowie natürlich Stickstoff notwendig, wobei letzterer dank einem Anteil von 78 % an der Luft bei praktisch allen Verbrennungsmotoren ausreichend vorhanden ist. Außerdem ist zu beachten, dass die Ent-

stehung von Stickstoffmonoxid im Dieselmotor von Inhomogenitäten der
Temperatur und Stoffkonzentrationen im Brennraum abhängt, welche von
nulldimensionalen Modellen naturgemäß nicht abgebildet werden können.
Somit versuchen Modelle zur Simulation von NO-Emissionen letztendlich
diese Inhomogenitäten im Brennraum zu beschreiben. Die eigentliche Bildung von Stickstoffmonoxid ist kinetisch kontrolliert und praktisch alle Modelle nutzen für ihre Beschreibung den erweiterten Zeldovich-Mechanismus
[12], [13]. Eine mögliche Wirkkette der verschiedenen Modelle zur Berechnung der Stickstoffmonoxidkonzentration am Dieselmotor ist in
Abbildung 3.2 skizziert.

Abbildung 3.2:   Wirkkette zur Simulation der Stickoxidbildung

Der zur Berechnung der eigentlichen Stickstoffmonoxidbildung genutzte
Zeldovich-Mechanismus, auch als thermische Stickoxidbildung bezeichnet,
wurde bereits in Kapitel 2.2.1 im Detail vorgestellt. In den verschiedenen
Simulationsmodellen werden für den Zeldovich-Mechanismus zwar meist
dieselben Grundgleichungen verwendet, allerdings unterscheiden sich die
jeweiligen Implementierungen in den verwendeten Geschwindigkeitskon-
stanten k_i der einzelnen Reaktionen [17], [11]. Diese Konstanten werden in
der Regel mittels (modifizierten) Arrhenius-Gleichungen (Gl. 3.4) in Abhängigkeit der Temperatur berechnet und es gibt in der Literatur eine Vielzahl an
verschiedenen Werten für den dort einzusetzenden präexponentiellen Faktor
A, den Temperaturbeiwert B (wobei die Temperaturabhängigkeit des präexponentiellen Faktors oft vernachlässigt werden kann und auch vernachlässigt
wird) sowie die Aktivierungsenergie E_A.

Die Wahl der Reaktionskinetik-Konstanten beeinflusst zwar die simulierten
NO-Konzentrationen bei gegebenen Randbedingungen, allerdings haben
eben diese Randbedingungen, hauptsächlich die herangezogene Temperatur,
einen wesentlich stärkeren Einfluss auf die berechneten Konzentrationen.
Entsprechend ist eine korrekte Beschreibung der Inhomogenitäten im Brenn-

raum durch die Modelle beim Dieselmotor wesentlich wichtiger als die Wahl der Reaktionskinetik-Konstanten. In der neueren Literatur hat deswegen praktisch auch keine Diskussion mehr über die Reaktionskinetik-Konstanten stattgefunden. Da die in dieser Arbeit verwendete Gleichgewichtsrechnung dem Ansatz in [31] entspricht wurden die reaktionskinetischen Konstanten nach Pattas [32] verwendet, da diese in [17] die beste Übereinstimmung mit dem in [31] untersuchten thermodynamischen Gleichgewicht in Verbrennungsgasen lieferten. Somit ist ein stetiger Übergang zwischen Gleichgewichtsrechnung und Zeldovich-Kinetik gegeben.

$$k = A \cdot T^B \cdot e^{\frac{-E_A}{R \cdot T}} \qquad \text{Gl. 3.4}$$

k　　Geschwindigkeitskonstante $\left[\left(\frac{m^3}{mol}\right)^{n-1} \cdot \frac{1}{s}\right]$

A　　Präexponentieller Faktor $\left[\left(\frac{m^3}{mol}\right)^{n-1} \cdot \frac{1}{s \cdot K^B}\right]$

T　　Temperatur $[K]$

B　　Temperaturbeiwert $[-]$

E_A　　Aktivierungsenergie $\left[\frac{J}{mol}\right]$

R　　Universelle Gaskonstante $\left[\frac{J}{K \cdot mol}\right]$

n　　Reaktionsordnung $[-]$

Einer ähnlichen Argumentation folgend kann auch der Verzicht auf die Simulation der anderen Bildungswege für Stickstoffmonoxid erklärt werden. Der Anteilsmäßig stärkste alternative Bildungsweg neben dem Zeldovich-Mechanismus ist das prompte NO, welches, wie in Kapitel 2.2.2 bereits ausgeführt, mit 5...10 % Anteil an den Gesamtstickoxidmissionen eines Dieselmotors noch eine gewisse Rolle spielt. Allerdings fällt selbst dieser Einfluss deutlich schwächer aus als derjenige durch die Inhomogenitäten, sodass deren Beschreibung durch die Emissionsmodelle erheblich wichtiger ist.

Im Folgenden werden verschiedene Simulationsmodelle zur Modellierung der Inhomogenität im Brennraum für die Berechnung der NO-Emissionen am Dieselmotor vorgestellt. Die Reihenfolge folgt hierbei einer gewissen Evolution der Stickoxidsimulation beim Dieselmotor.

3.2.1 Hiroyasu

In [33] und [34] präsentiert Hiroyasu ein Modell, welches die Stickoxidbildung nach dem Zeldovich-Mechanismus direkt aus den Ergebnissen eines heterogenen Paket-Verbrennungsmodells auf Basis der Strahlausbreitung berechnet. Das Modell wurde an einem Mitsubishi DT-6 Einzylinder-Dieselmotor mit 1,8 l Hubraum mit Direkteinspritzung mittels Einspritzpumpe verifiziert.

Gemäß der Modellvorstellung wird der Einspritzstrahl sowohl in Richtung Strahlachse, als auch radial in eine Vielzahl einzelner Strahlpakete unterteilt. Für jedes dieser Strahlpakete werden anschließend die mittels Entrainment eingebrachte Luft, basierend auf einer Impulserhaltungsrechnung für das Spray, sowie der verdampfte Kraftstoff berechnet. Nach dem Ablauf der berechneten Zündverzugszeit wird das bereits aufbereitete Gemisch umgesetzt. Anschließend wird das in jedem Zeitschritt neu aufbereitete Gemisch verbrannt. Hierbei kann es entweder zu einer durch die Verdampfung von Kraftstoff (A) oder einer durch das Entrainment von Luft (B) gesteuerten Verbrennung kommen, siehe **Abbildung 3.3**. Die Verbrennung in den einzelnen Paketen wird einzonig modelliert. In dem Modell wird zusätzlich der Einfluss der Wandbenetzung und des Dralls auf das Kraftstoffspray berücksichtigt.

Zur Berechnung der Stickoxidbildung wird für jedes Paket während der Verbrennung eine adiabate Flammentemperatur bestimmt. Diese wird nach dem Ende der Verbrennung in einem Paket gemäß einer adiabaten Zustandsänderung aus dem Verhältnis des aktuellen Drucks zum Druck zum Beginn der Verbrennung des Pakets berechnet. Die Spezieskonzentrationen werden für jedes Paket direkt aus dem Verbrennungsmodell übernommen. Mit diesen Randbedingungen wird die Stickoxidbildung mittels des Zeldovich-Mechanismus berechnet.

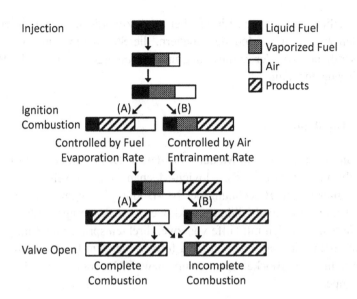

Abbildung 3.3: Schematischer Verlauf der Verteilung der Masse in einem Paket nach [33]

Da das Modell nach Hiroyasu die Stickoxidbildung direkt auf die berechnete Flammentemperatur und die Zusammensetzung aus dem Paketmodell der Verbrennung aufsetzt, stehen keine Parameter zur Abstimmung der Stickoxidbildung zur Verfügung. Dies erscheint zunächst vorteilhaft, in der Praxis benötigen derartige Ansätze jedoch trotzdem eine Anpassung an vorliegende Messdaten, welche dann über eine „Abstimmung" der reaktionskinetischen Konstanten erfolgt [35]. Problematisch bei diesem Ansatz ist zudem die Verwendung einer adiabaten Flammentemperatur. Die thermische Stickoxidbildung benötigt Zeit während derer die beteiligten Teilchen aus der Flammenzone herausgetragen werden. Somit ist eine Simulation der Stickoxidbildung auf Basis einer Flammentemperatur nicht sinnvoll. Die Alternative, dass die sich durch die Verbrennung ergebende Pakettemperatur zur Berechnung der Stickoxidbildung verwendet wird, führt ebenfalls nicht zum Erfolg. Die einzonige Verbrennung eines Paketes liefert erst gegen Ende der Verbrennung ausreichend hohe Temperatur zur Stickoxidbildung. Eine zweizonige Modellierung der Verbrennung als Lösung benötigt jedoch wiederrum eine Zumischung aus der unverbrannten Zone um die Stickoxidbildung korrekt modellieren zu können. Ein solcher Ansatz würde sich dann einem der folgenden zweizonigen Modelle annähern, die Stickoxidbildung wäre dann im Wesentlichen von der Zumischung und nur untergeordnet von der Paketmodellierung abhängig.

3.2.2 Hohlbaum

Hohlbaum stellt in [36] ein Modell vor, dessen Besonderheit darin besteht, dass nicht nur der erweiterte Zeldovich-Mechanismus mit seinen drei Reaktionsgleichungen zur Berechnung der NO-Bildung herangezogen wird, sondern 7 weitere Stickoxid-Bildungsreaktionen berücksichtigt werden. Entwickelt wurde das Modell mit Hilfe von zwei direkteinspritzenden Einzylinder-Dieselmotoren mit Drall unterstütztem luftverteilendem Brennverfahren und 4 l Hubraum sowie Blockeinspritzpumpe bzw. 6 l Hubraum sowie Einzeleinspritzpumpe.

Die Stickoxidbildung wird mittels einer fetten Verbrennung und einer Lambda-gesteuerten Beimischung aus der unverbrannten in die verbrannte Zone simuliert. Die fette Verbrennung wird von einem 2-Zonen-Verbrennungsmodell bei einem konstanten Lambda simuliert. Aufgrund der fetten Verbrennung erfolgt in der Flamme nur eine Teiloxidation des Kraftstoffes („primäre Oxidation"), so dass in die verbrannte Zone zunächst die Produkte einer unvollständigen Verbrennung in Form von CO_2, CO, H_2O, OH, H_2 und H gelangen. Durch die Beimischung von Frischluft aus der unverbrannten Zone in die verbrannte Zone werden die noch nicht vollständig oxidierten Produkte CO, H_2, OH und H, kinetisch modelliert, nachoxidiert („sekundäre Oxidation"). Dementsprechend setzt sich der Brennverlauf in diesem Modell aus dem Anteil der „primären Oxidation" und der „sekundären Oxidation" zusammen.

Die Beimischung von Frischluft aus der unverbrannten Zone in die verbrannte Zone erfolgt durch die empirische Vorgabe eines Lambda-Verlaufes. Es entsteht ein Gesamtmassenstrom aus der unverbrannten Zone in die verbrannte Zone, welcher sich aus dem Massenstrom durch die Flamme (Kraftstoff sowie Frisch- und Restgas) und dem Massenstrom der Beimischung (Frisch- und Restgas) zusammensetzt. Die sich ergebende Zusammensetzung dieses gesamten Massenstroms aus der unverbrannten in die verbrannte Zone

(„Mischungsstöchiometrie") ist über zwei Abstimmparameter an den Brenn-
verlauf gekoppelt. Der Brennverlauf ist dabei in die drei Bereiche Premixed-
Verbrennung, „beginnende" Diffusions-Verbrennung und „abklingende"
Diffusions-Verbrennung eingeteilt (**Abbildung 3.4**).

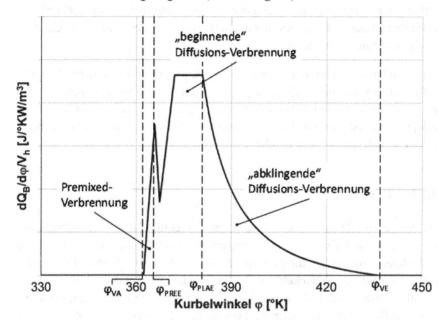

Abbildung 3.4: Aufteilung des Brennverlaufes nach [36]

Zur Abstimmung des Modelles wird die „Mischungsstöchiometrie" λ_* am
Ende der Premixed-Verbrennung (φ_{PREE}) und am Beginn der abklingenden
Diffusions-Verbrennung (φ_{PLAE}) vorgegeben. Während der Premixed-
Verbrennung wird die „Mischungsstöchiometrie" als konstant angenommen
(Wert des ersten Abstimmparameters zum Zeitpunkt φ_{PREE}) und ein Wert von
$\lambda_* = 0{,}7$ wurde in Anlehnung an [37] gewählt. In der Phase der „beginnen-
den" Diffusions-Verbrennung steigt die „Mischungsstöchiometrie" linear auf
den Wert des zweiten Abstimmparameters zum Zeitpunkt φ_{PLAE}. Während
der „abklingenden" Diffusions-Verbrennung ergibt sich die „Mischungsstöchiometrie" aus dem Brennverlauf, da sich dieser aus den zwei Anteilen der
„primären" und der „sekundären Oxidation" ergibt. Die durch die „Mischungsstöchiometrie" gesteuerte „sekundäre Oxidation" muss hierbei die

Differenz der aus der aktuell umgesetzten Kraftstoffmasse ermittelten „primären Oxidation" und dem aus dem Brennverlauf vorgegebenen gesamten Energieumsatz liefern. Das Modell liefert in der Regel am Ende der Verbrennung keine homogene Zusammensetzung im Brennraum, so dass beim Öffnen der Auslassventile zwangsweise eine schlagartige Vermischung des gesamten Brennrauminhaltes durchgeführt wird, um den Ladungswechsel 1–zonig berechnen zu können.

Nachteilig wirkt sich die ausschließliche und rein empirische Koppelung der Vermischung an die Verbrennung aus. Nach Abschluss der Verbrennung kann mit diesem Modell keine Vermischung mehr simuliert werden. Dementsprechend ist eine Beeinflussung der Emissionen außerhalb der Verbrennung ebenfalls nicht mehr möglich.

3.2.3   Heider

Heider beschreibt in [17] ein Modell zur Berechnung der Stickoxidemissionen, welches auf einer 1-zonigen Brennverlaufsberechnung aufsetzt und mit Messdaten von einem direkteinspritzenden MTU Einzylinder-Dieselmotor mit 4 l Hubraum entwickelt wurde. Im Modell wird mittels eines empirischen Ansatzes, ohne Massen- oder Energieströme zu modellieren, die Temperaturdifferenz zwischen der Reaktionszone (verbrannte Zone, Zone 1) und der unverbrannten Zone (Zone 2) berechnet (Gl. 3.5).

Der empirische Ansatz beschreibt die Temperaturdifferenz auf Basis des Anteils des Zylinderdrucks, der durch die Verbrennung verursacht wird (Gl. 3.6). Dieser Druckanteil wird, multipliziert mit der Masse der Reaktionszone, im Bereich zwischen Verbrennungsbeginn und dem Öffnen der Auslassventile unter Zuhilfenahme von Gl. 3.7 auf Werte zwischen 1 und 0 normiert. Mittels dieser Normierung wird die als Abstimmparameter A^* (Gl. 3.5) vorzugebende maximale Temperaturdifferenz der beiden Zonen zwischen diesen Zeitpunkten von ihrem Maximum auf 0 herunter skaliert.

$$T_{Zone1}(\varphi) - T_{Zone2}(\varphi) = B(\varphi) \cdot A^* \qquad \text{Gl. 3.5}$$

$$B(\varphi) = \frac{K - \int_{\varphi_{VB}}^{\varphi} (p(\varphi) - p_0(\varphi)) m_{Zone1}(\varphi) d\varphi}{K} \qquad \text{Gl. 3.6}$$

$$K = \int_{\varphi_{VB}}^{\varphi_{A\ddot{o}}} (p(\varphi) - p_0(\varphi)) m_{Zone1}(\varphi) d\varphi \qquad \text{Gl. 3.7}$$

T_{Zone1} Temperatur Reaktionszone $[K]$

T_{Zone2} Temperatur unverbrannte Zone $[K]$

B Zeitlicher Verlauf der Temperaturdifferenz $[-]$

A^* Maximale Temperaturdifferenz $[K]$

K Normierungsfunktion $[bar \cdot kg \cdot {}^\circ KW]$

p Zylinderdruck $[bar]$

p_0 Zylinderdruck ohne Verbrennung $[bar]$

m_{Zone1} Masse der Reaktionszone$[kg]$

φ Kurbelwinkel $[{}^\circ KW]$

φ_{VB} Kurbelwinkel bei Verbrennungsbeginn $[{}^\circ KW]$

$\varphi_{A\ddot{o}}$ Kurbelwinkel bei Auslassventil öffnet $[{}^\circ KW]$

Heider geht dabei von einigen aus theoretischen Überlegungen abgeleiteten Annahmen aus:

■ Die Temperaturdifferenz soll aufgrund der Temperaturunterschiede zwischen der Flamme und der unverbrannten Zone zu Beginn der Verbrennung maximal sein.

■ Außerdem soll die Temperaturdifferenz mit der Zeit wegen fortschreitender Durchmischung und Wärmeleitung abnehmen.

■ Zuletzt soll nach Abschluss der Verbrennung durch vollständige Vermischung keine Temperaturdifferenz mehr zwischen den Zonen bestehen.

Zusätzlich gibt Heider noch zwei weitere empirische Gleichungen an um das Modell einerseits für kleine bis mittelgroße Dieselmotoren mit Einlassdrall und andererseits für Großdieselmotoren ohne Einlassdrall quereinflussfrei zu halten. Für den Fall mit Einlassdrall wird der Abstimmparameter A* in Abhängigkeit vom globalen Verbrennungsluftverhältnis angepasst und die Verbrennung erfolgt stöchiometrisch. Die Anpassung des Parameters A* benötigt hierbei eine weitere Konstante, welche für 4-Ventil-Zylinderköpfe mit zentraler Einspritzdüse und 2-Ventil-Zylinderköpfe mit seitlicher Einspritzdüse getrennt angegeben werden. Für die Großmotoren wird mit einer minimal mageren Verbrennung ($\lambda=1{,}03$) gerechnet, wobei zusätzlich noch eine Korrektur des λ-Wertes in Abhängigkeit der AGR-Rate erfolgt.

Ein Nachteil dieses Modells ist die willkürliche Annahme, dass im Zylinder nach dem Öffnen der Auslassventile eine homogene Temperaturverteilung vorliegt. Diese Annahme hat einen direkten Einfluss auf den für die Emissionsbildung relevanten Temperaturverlauf in der Reaktionszone.

3.2.4 Kožuch

Kožuch hat in [14] ein phänomenologisches Modell entwickelt, welches die Stickoxidemissionen mittels einer Zumischung aus der unverbrannten Zone in die verbrannte Zone berechnet. Kožuch hat hierfür auf Messdaten von einem Einzylinderaufbau eines OM 904 LA von DaimlerChrysler mit Direkteinspritzung mittels Pumpe-Leitung-Düse und 1 l Hubraum sowie von einem Einzylinderaufbau eines OM 611 BS 3 mit Direkteinspritzung mittels Common-Rail und 0,5 l Hubraum zurück gegriffen.

Das Modell nach Kožuch setzt auf einer 2-zonigen Prozessrechnung auf, wobei die unverbrannte Zone durch die infinitesimal dünne Flamme von der verbrannten Zone getrennt ist. Die Verbrennung erfolgt stöchiometrisch, so dass der Brennverlauf einen Massentransport von definierter Zusammensetzung durch die Flamme hindurch in die verbrannte Zone vorgibt. Zusätzlich erfolgt eine Zumischung aus der unverbrannten Zone an der Flamme vorbei direkt in die verbrannte Zone, wodurch die Temperatur und Zusammensetzung in der verbrannten Zone eingestellt werden kann.

Die Zumischung ist phänomenologisch nach Gl. 3.8 modelliert. Der erste Term berechnet sich mithilfe einer turbulenten Geschwindigkeit $u_{Turb,g}$ auf Basis eines k-ε-Modells, aus der Dichte der unverbrannten Zone ρ_{uv}, dem Volumen der verbrannten Zone V_v sowie der Anzahl der Düsenlöcher Anz_D. Zur Abstimmung dieses ersten, turbulenzproportionalen, Terms dient die einheitenlose Konstante c_g. Die turbulente Geschwindigkeit ergibt mit der Dichte einen Massenstrom pro Fläche aus dem Unverbrannten ins Verbrannte. Als Übergangsfläche wird das entsprechend potenzierte Volumen der verbrannten Zone angesetzt. Als einheitenloser Multiplikator kommt noch die Anzahl der Düsenlöcher und damit der Strahlkeulen hinzu, wobei davon ausgegangen wird, dass diese die Zumischung direkt verstärken.

Zu diesem ersten Term kommt additiv ein weiterer Term hinzu, welcher die Abhängigkeit der Zumischung von der Verbrennung modelliert. In diesen brennverlaufsproportionalen Term wirkt direkt der Brennverlauf ein. Dieser Anteil wird, nach entsprechender Umrechnung der Zeitskala, mit der einheitenlosen Konstante c_{ga} abgestimmt. Gl. 3.8 liefert somit einen phänomenologisch bestimmten Zumischmassenstrom, welcher unverbranntes Gemisch in die verbrannte Zone einbringt. Durch diesen Massenstrom wird einerseits die Temperatur in der verbrannten Zone gesenkt, andererseits erhöht er dort die Sauerstoffkonzentration. Da die Stickoxidbildung exponentiell an der herrschenden Temperatur im Verbrannten hängt und die Sauerstoffkonzentration nur einen bestimmten Schwellwert erreichen muss um die Reaktionen stattfinden zu lassen, sorgt die Zumischung für eine Reduzierung der simulierten NO-Bildung.[1]

$$g = \frac{dm_{uv,zu}}{dt} = c_g \cdot \rho_{uv} \cdot u_{Turb,g} \cdot V_V^{2/3} \cdot Anz_D + c_{ga} \cdot \frac{dm_B}{d\varphi} \cdot 6 \cdot n \qquad \text{Gl. 3.8}$$

g Zumischfuntion $\left[\frac{kg}{s}\right]$

$\dfrac{dm_{uv,zu}}{dt}$ Zumischmassenstrom $\left[\frac{kg}{s}\right]$

c_g Turbulenzproportionaler Parameter $[-]$

ρ_{uv} Dichte in der unverbrannten Zone $\left[\frac{kg}{m^3}\right]$

$u_{Turb.g}$ Turbulenzgeschwindigkeit $\left[\frac{m}{s}\right]$

V_V Volumen der verbrannten Zone $[m^3]$

Anz_D Lochanzahl Einspritzdüsen $[-]$

c_{ga} Verbrennungsproportionaler Parameter $[-]$

$\dfrac{dm_B}{d\varphi}$ Brennstoffmassenumsatz $\left[\frac{kg}{°KW}\right]$

n Drehzahl $\left[\frac{1}{min}\right]$

Das Emissionsmodell nach Kožuch ist nicht nur rein phänomenologisch aufgebaut sondern umgeht auch die Nachteile der bisher vorgestellten Modelle nach Hiroyasu (Kapitel 3.2.1), Hohlbaum (Kapitel 3.2.2) und Heider (Kapitel 3.2.3):

---

1 Dieser Zusammenhang lässt sich auch aus Gleichgewichtsrechnungen herleiten. Die Diagramme für Gleichgewichtszusammensetzungen im Anhang zeigen, dass die NO-Konzentrationen für unterschiedliche Drücke und Temperaturen nur im Bereich um die stöchiometrische Zusammensetzung eine starke Abhängigkeit vom λ-Wert zeigen, während sich ihre Werte spätestens ab λ > 1,5 kaum noch ändern.

■ Das Modell nach Hiroyasu ist direkt an ein Paket-Brennverlaufsmodell gekoppelt und nutzt die dort berechnete adiabat isobare Flammentemperatur zur Berechnung der Stickoxidbildung indem nach der Flamme eine isentrope Zustandsänderung angenommen wird. Da die Stickoxidbildung nach dem von Hiroyasu verwendeten Zeldovich-Mechanismus jedoch im Verbrannten stattfindet, ist die adiabat isobare Flammentemperatur für ihre Berechnung nicht sehr gut geeignet.

■ Das Modell nach Hohlbaum ist auf die Vorgabe eines willkürlichen Verlaufes einer empirischen Zumischung angewiesen, welcher über die direkte Kopplung der Stützstellen an den Brennverlauf gebunden wird. Ein derartig festgelegter Verlauf der Zumischung ist jedoch nur für jeweils einen Betriebspunkt gültig und muss bei geänderter Last, Drehzahl, Einspritzcharakteristik, Drall, usw. angepasst werden. Vorhersagen sind entsprechend nur für geänderte Luftverhältnisse und Förderbeginn möglich. [36]

■ Das Modell nach Heider berücksichtigt die Einspritzung nicht, sondern bildet lediglich die Einflüsse der Betriebsparameter über die thermodynamischen Zusammenhänge ab [17]. Der zur Berechnung der Stickoxidbildung genutzte Temperaturunterschied zwischen verbrannter und unverbrannter Zone ist nur vom Beitrag der Druckerhöhung durch die Verbrennung und der Masse in der verbrannten Zone abhängig. Die Druckerhöhung soll dabei zur Beschreibung der Turbulenz dienen, weshalb der Einfluss der Einspritzung auf die Turbulenz nicht berücksichtigt werden kann.

Deshalb wird in diesem Vorhaben zur Berechnung der instationären NO-Emissionen auf das Emissionsmodell nach Kožuch aufgebaut, dessen schematische Darstellung **Abbildung 3.5** zeigt. Zusätzlich zur Stickoxidbildung in der verbrannten Zone ist dort die, im Modell nach Kožuch ebenfalls mögliche, Modellierung der Rußemissionen durch die Rußbildung in der fetten Flamme und die Rußoxidation in der verbrannten Zone dargestellt.

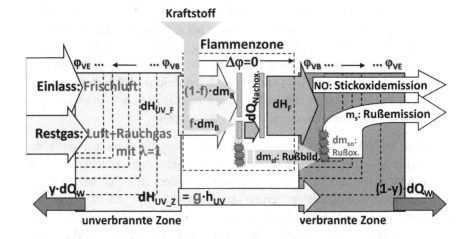

Abbildung 3.5: Schema Emissionsmodell nach Kožuch [14]

Die Kombination der Stickoxid- und Rußmodellierung im Modell nach Kožuch ist hierbei sehr vorteilhaft gelöst, da sich beide Teilmodelle sehr leicht gemeinsam abstimmen lassen, siehe **Abbildung 3.6**. Zunächst wird hierbei das Stickoxidmodell abgestimmt. Hierfür kann bei Bedarf die Turbulenz über verschiedene Parameter, welche den Einfluss z. B. der Einspritzung, des Dralls usw. gewichten, an den vorliegenden Motor angepasst werden. Anschließend wird die Konstante c_g der Zumischfunktion g derart abgestimmt, dass die Abweichung der simulierten von den gemessenen NO-Emissionen minimal wird. Nach dieser Abstimmung ist die Zumischung aus der unverbrannten in die verbrannte Zone und damit die dortige Temperatur und Sauerstoffkonzentration festgelegt. Somit ist die Abstimmung des NO-Modells abgeschlossen. Falls auch die Rußemissionen modelliert werden sollen kann deren Abstimmung über die Fettfunktion f bewerkstelligt werden. Da die Rußoxidation über die Temperatur in der verbrannten Zone bereits festgelegt ist reicht diese Abstimmung der Rußbildung über die Fettfunktion f bereits zur vollständigen Kalibrierung des Rußmodells.[2]

---

[2] Eine detaillierte Beschreibung des Abstimmvorgangs für das Rußmodell ist in [14] sowie [45] vorhanden.

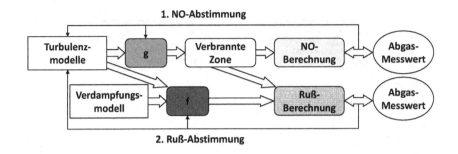

Abbildung 3.6:   Gemeinsame Abstimmung Emissionsmodell nach Kožuch [14]

Ergebnisse die nach einer derartigen Abstimmung mit dem Modell erreicht werden können sind für die NO-Emissionen in den folgenden Abbildungen dargestellt. Es handelt sich dabei um Ergebnisse, welche im Rahmen der Modellerstellung von Kožuch erarbeitet und mit Vorhersagen aus dem Heider-Modell verglichen wurden. **Abbildung 3.**7 zeigt einen Vergleich der gemessenen NO-Konzentration mit den simulierten Werten für das Modell nach Kožuch und das Modell nach Heider für eine Drehzahlvariation. Für den untersuchten OM 904 werden die NO-Emissionen mit fallender Drehzahl zwar überschätzt, trotzdem zeigt sich eine recht gute Abbildung des Trends durch das Modell nach Kožuch, während das Modell nach Heider den Trend über der Drehzahl deutlich überschätzt.

In **Abbildung 3.8** und **Abbildung 3.9** ist der Vergleich der gemessenen zu den simulierten NO-Konzentrationen bei einer Lastvariation für den OM 904 sowie den OM 611 dargestellt. Außer für den Leerlauf sowie den 10%-Lastpunkt bei 1400 min^{-1} beim OM 904 zeigt sich insgesamt eine sehr gute Übereinstimmung des Modells nach Kožuch mit den Messdaten. Das ebenfalls untersuchte Modell nach Heider ist einzig für den Lastschnitt bei 1400 min^{-1} beim OM 904 überlegen, während es bei der Vorhersage für den Lastschnitt bei 1000 min^{-1} beim OM 611 große Abweichungen zeigt.

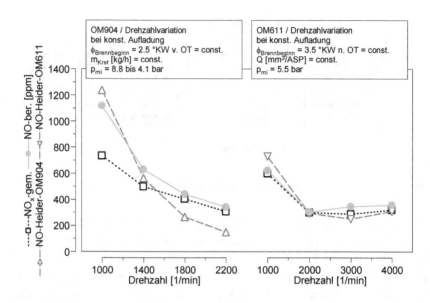

Abbildung 3.7:   NO-Konzentrationen für eine Drehzahlvariation [14]

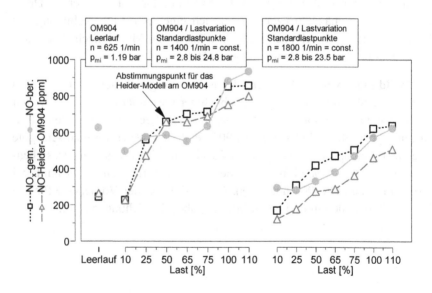

Abbildung 3.8:   NO-Konzentrationen für eine Lastvariation (OM 904) [14]

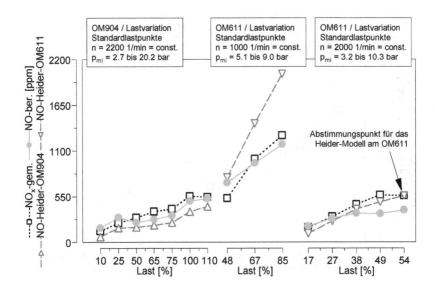

Abbildung 3.9: NO-Konzentrationen für eine Lastvariation (OM 904 und OM 611) [14]

Eine Variation des Einspritzbeginns ist für den OM 904 in **Abbildung 3.10** sowie für den OM 611 zusammen mit einer Raildruckvariation in **Abbildung 3.11** abgebildet. Der Trend der NO-Emissionen wird für beide untersuchten Drehzahlen beim OM 904 von beiden Modellen gut vorhergesagt, wenngleich das Modell nach Kožuch eine bessere Übereinstimmung der Absolutwerte zeigt. Die Einspritzbeginn- sowie Raildruckvariation am OM 611 kann von beiden Modellen sowohl dem Trend als auch den Absolutwerten nach gut wiedergegeben werden.

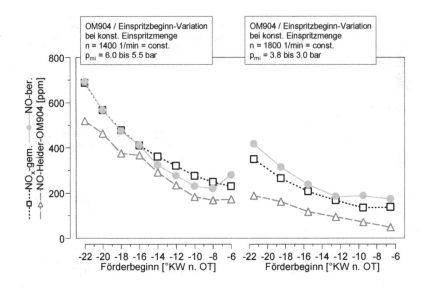

Abbildung 3.10: NO-Konzentrationen für eine Einspritzbeginnvariation am OM 904 [14]

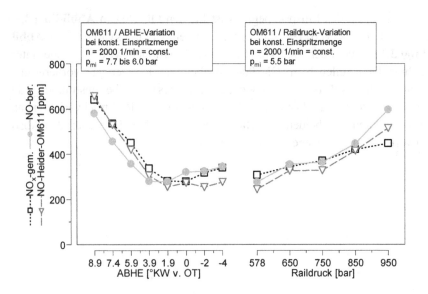

Abbildung 3.11: NO-Konzentrationen für eine Einspritzbeginn- und eine Raildruck-variation am OM 611 [14]

Eine Variation der Einspritzdauer für den OM 904 ist in **Abbildung 3.12** dargestellt, während die Einspritzdauer- sowie Ladelufttemperaturvariation für den OM 611 in **Abbildung 3.13** wiedergegeben ist. Beim leichten Nutzfahrzeugmotor OM 904 mit einem Pumpe-Leitung-Düse-Einspritzsystem wird die Einspritzdauer über den Förderwinkel definiert. Es zeigt sich für das Modell nach Kožuch eine insgesamt gute Übereinstimmung mit den Messungen. Einzig bei längeren Förderwinkeln für 1400 min^{-1} werden die NO-Konzentrationen überschätzt. Das Modell nach Heider überschätzt die NO-Emissionen für diese Variation jedoch wesentlich stärker und überschätzt auch den Trend für die Variation bei 1800 min^{-1}. Beim PKW-Motor OM 611 kommt ein Common-Rail-Einspritzsystem zum Einsatz, weshalb die Einspritzdauer der Haupteinspritzung über die Steuergerätgröße ADHE angegeben wird. Während das Modell nach Kožuch den Trend der NO-Konzentrationen über der Einspritzdauer unterschätzt, wird dieser vom Modell nach Heider überschätzt. Bei der Variation der Ladelufttemperatur zeigen beide Modell den gleichen Trend, das Modell nach Kožuch liegt jedoch für die zweite Variation deutlich näher an den gemessenen Werten.

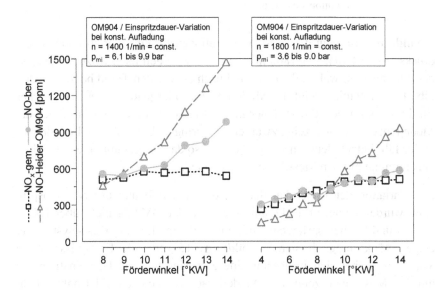

Abbildung 3.12: NO-Konzentrationen für eine Einspritzdauervariation am OM 904 [14]

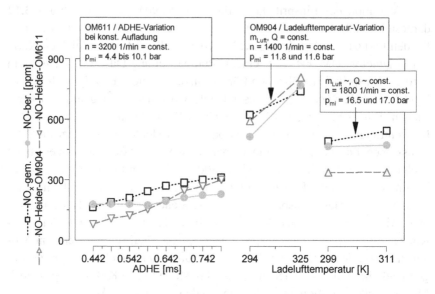

Abbildung 3.13: NO-Konzentration für eine Einspritzdauer- und Ladelufttemperaturvariation am OM 611 [14]

Abbildung 3.14 zeigt die NO-Konzentrationen für eine Variation des Ladedrucks am OM 904. Für 1800 min^{-1} liegt das Modell nach Kožuch näher an
den Messwerten, während das Modell nach Heider den Trend besser wiedergibt. Für 1400 min^{-1} zeigt das Modell nach Heider jedoch einen sehr starken
Einfluss des Ladedrucks, welcher in den Messungen nicht auftritt. Auch das
Modell nach Kožuch zeigt zwar einen geringen Einfluss des Ladedrucks,
dieser fällt jedoch deutlich schwächer aus, so dass insgesamt eine gute Übereinstimmung mit den Messdaten erhalten bleibt.

Die Variation der Einlasskanalabschaltung (EKAS) und der Nacheinsprit-
zung wurde nur am OM 611 untersucht, da der OM 904 nicht über EKAS
verfügt und Nacheinspritzungen mit einem Pumpe-Leitung-Düse-System nur
eingeschränkt möglich sind. **Abbildung 3.15** zeigt die Ergebnisse dieser
Variation, wobei sich insgesamt eine zufriedenstellende Übereinstimmung
mit den Messungen zeigt. Das Modell nach Kožuch schneidet dabei etwas
besser ab, als das Modell nach Heider, welches bei einigen Variationen einen
den Messwerten entgegengesetzten Trend zeigt.

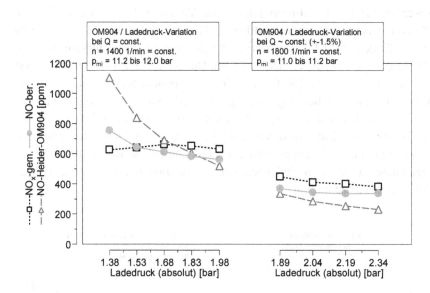

Abbildung 3.14: NO-Konzentrationen für eine Ladedruckvariation am OM 904 [14]

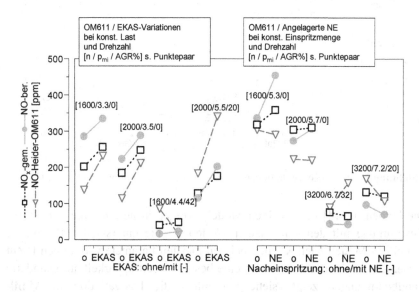

Abbildung 3.15: NO-Konzentrationen für eine EKAS- und Nacheinspritzungsvariation am OM 611 [14]

Abschließend ist in **Abbildung 3.16** eine Variation der AGR-Rate für den
OM 611 gezeigt, während **Abbildung 3.17** diese Variation für den OM 904
zeigt. Für den OM 611 zeigt sich eine sehr gute Übereinstimmung mit den
Messungen für das Modell nach Kožuch. Das Modell nach Heider folgt zwar
dem generellen Trend, hat für einzelne Messpunkte jedoch auch deutliche
Abweichungen und liefert generell größere Absolutabweichungen. Für den
OM 904 hat Kožuch in [14] eine Korrekturfunktion in Abhängigkeit der
AGR-Rate eingeführt, mit deren Hilfe die gemessenen NO-Konzentrationen
in der Simulation sehr gut getroffen werden. Ohne diese Korrektur liegen die
Ergebnisse mit dem Modell nach Kožuch ähnlich wie beim Modell nach
Heider deutlich zu niedrig.

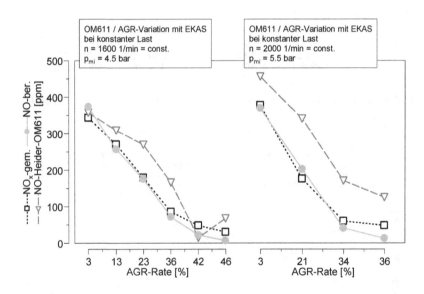

Abbildung 3.16: NO-Konzentrationen für eine AGR-Ratenvariation am OM 611 [14]

Die beiden in [14] untersuchten Modelle zeigen insgesamt eine gute Übereinstimmung mit den gemessenen Werten für die untersuchten Parameter,
wobei das Modell nach Kožuch bei den meisten Parametervariationen leicht
besser abschneidet und vor allem eine bessere Übertragbarkeit auf geänderte
Randbedingungen zeigt (siehe vor allem die Lastvariation in **Abbildung 3.9**). Dies liefert einen weiteren Grund dieses Modell als Ausgangs-

punkt für ein instationäres Emissionsmodell zu verwenden, da viele wichtige Parameter bereits korrekt berücksichtigt werden. Dabei spielt es keine Rolle, dass die dargestellten Parametervariationen stationär untersucht wurden, da ein transienter Betrieb letztendlich auch nur eine Abfolge von diskreten stationären Randbedingungen darstellt.

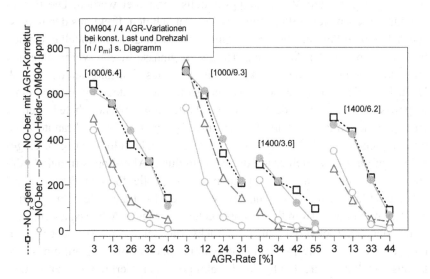

Abbildung 3.17: NO-Konzentrationen für eine AGR-Ratenvariation am OM 904 [14]

3.3 Simulation der dieselmotorischen Verbrennung

Wie in Kapitel 3.2 beschrieben wurde, handelt es sich bei Emissionsmodellen für Dieselmotoren in der Regel um Modelle zur Simulation der Inhomogenitäten im Brennraum. Dies bedeutet jedoch nicht nur, dass diese Modelle einen nachgeschalteten Reaktionsmechanismus (normalerweise den erweiterten Zeldovich-Mechanismus) zur Berechnung der eigentlichen Stickoxidbildung benötigen, sondern auch, dass sie vorgeschaltete Modelle zur Berechnung der Randbedingungen benötigen. Eine zentrale Bedeutung nimmt hierbei die Verbrennung ein, da diese maßgeblich auf den für die Stick-

oxidbildung besonders wichtigen Temperaturverlauf einwirkt. Für Betriebspunkte mit vorliegenden Messdaten könnte hierfür auf eine (zweizonige)
Druckverlaufsanalyse zurückgegriffen werden. Dieses Vorgehen wurde bereits bei der Entwicklung des Emissionsmodells nach Kožuch, welches als
Grundlage des in dieser Arbeit vorgestellten instationären Emissionsmodells
dienen soll, verwendet. Hierdurch kann auf die Verwendung eines zwangsweise nicht perfekten Verbrennungsmodells verzichtet werden. Die Brennverläufe ergeben sich mittels einiger Modellannahmen direkt aus den gemessenen Druckverläufen. Die größte Unsicherheit in diesen Modellannahmen
besteht hierbei in der Aufteilung der Ladungsmasse in eine verbrannte und
eine unverbrannte Zone. Im konkreten Fall des Emissionsmodells nach
Kožuch ist diese Frage jedoch von untergeordneter Bedeutung, da sich eine,
in gewissen Grenzen, anders gestaltete Aufteilung letztendlich lediglich in
einer geänderten Zumischung aus der unverbrannten in die verbrannte Zone
wiederspiegeln würde. Bei der Simulation der Stickoxidbildung geht es gerade eben um die Modellierung dieser Aufteilung. Allerdings ermöglicht die
Verwendung einer Druckverlaufsanalyse als Quelle für den Brennverlauf
keine prädiktive Simulation (und wäre speziell für transiente Simulationen
zusätzlich extrem aufwendig, da entsprechend für jedes Arbeitsspiel ein neuer transienter Druckverlauf für die Druckverlaufsanalyse verwendet werden
müsste). Es ist deshalb für prädiktive Simulationen notwendig auf ein Simulationsmodell zur Berechnung der dieselmotorischen Verbrennung zurückzu-
greifen.

Die Simulation der Verbrennung bei Dieselmotoren ist jedoch deutlich
schwieriger als bei Ottomotoren. Dies zeigt sich unter anderem auch in einer
erhöhten Komplexität dieser Modelle. Im Vergleich zu den früher genutzten
Ersatzbrennverlaufsmodellen (meist Vibe- bzw. mehrfach Vibe- oder Vibe-
Hyperbel-Ersatzbrennverlauf) ist mit neueren vorhersagefähigen Brennver-
laufsmodellen jedoch eine Vorausrechnung von Betriebspunkten ohne Messdaten möglich. Um dies zu erreichen und trotz der hohen Komplexität der
dieselmotorischen Verbrennung weiterhin eine ausreichend einfache An-
wendbarkeit sicherzustellen, versuchen diese Modelle die wichtigsten physikalischen Vorgänge möglichst einfach wiederzugeben. Auf diese Weise wird
die Komplexität gering gehalten, während trotzdem die relevanten Einflüsse,
wenn auch in vereinfachter Form, im Modell abgebildet werden. Diese Klas-
se der Simulationsmodelle wird deshalb als phänomenologisch bzw. quasi-

dimensional beschrieben: Die wichtigsten Phänomene werden erfasst und hierfür die nulldimensionalen Modelle zum Teil um stark vereinfachte mehrdimensionale physikalische Vorgänge, z. B. die Einspritzstrahlausbreitung, Wandbenetzung oder dergleichen, erweitert. Erst durch die Berücksichtigung der wichtigsten physikalischen Vorgänge erreicht diese Modellklasse ihre gute Vorhersagefähigkeit. Da die relevanten Phänomene in den Modellen beschrieben werden, reagieren sie korrekt auf eine entsprechende Änderung der Randbedingungen. Durch die vereinfachte Beschreibung der Phänomene bleibt jedoch eine schnelle Rechenzeit erhalten, wie sie von nulldimensionalen Modellen bekannt ist.

In [38] werden sowohl ältere, empirische und damit nicht vorhersagefähige, Ersatzbrennverläufe als auch eine Übersicht über phänomenologische und damit vorhersagefähige Brennverlaufsmodelle vorgestellt. Dabei erfolgt eine Unterteilung der phänomenologischen Modelle in vier Kategorien:

- Gasstrahl-Modelle

- Zeitskalen-Modelle

- Paket-Modelle

- Scheiben-Modelle

Eine detaillierte Beschreibung der unterschiedlichen Modellkategorien anhand von konkret umgesetzten Modellansätzen kann [38] entnommen werden.

Ein am Forschungsinstitut für Kraftfahrwesen und Fahrzeugmotoren Stuttgart (FKFS) entwickeltes Scheiben-Modell wurde bereits ausgiebig und erfolgreich mit dem Emissionsmodell nach Kožuch verwendet [39], [40]. Für diese Modellkategorie spricht ein guter Kompromiss aus einer hohen Vorhersagegüte bei gleichzeitig guter Abstimmbarkeit [38], [41]. Zusätzlich lassen sich mit dem Modell beliebig viele Vor- und Nacheinspritzungen modellieren, was für die Simulation von Emissionen zwingend notwendig ist. Ein Vergleich zwischen Brennverläufen, welche mittels Druckverlaufsanalyse aus indizierten Zylinderdruckverläufen gewonnen wurden, und mit vom Scheiben-Modell vorhergesgten Brennverläufen ist in **Abbildung 3.18** und **Abbildung 3.19** dargestellt.

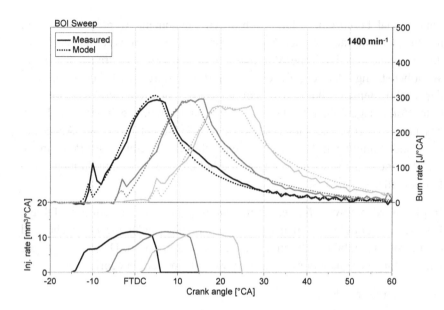

Abbildung 3.18: Simulationsgüte bei Variation des Einspritzzeitpunktes [39]

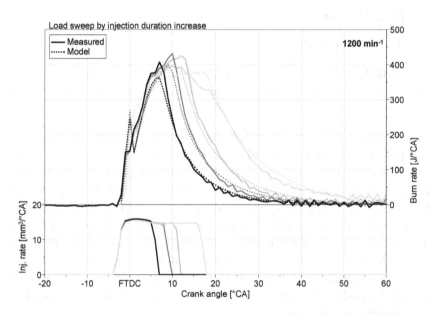

Abbildung 3.19: Simulationsgüte bei Variation der Einspritzlänge [39]

Sowohl die Verschiebung der Einspritzung (**Abbildung 3.18**) als auch die Laststeigerung durch längere Einspritzung (**Abbildung 3.19**) können von dem Modell sehr gut abgebildet werden. Aufgrund dieser insgesamt guten Vorhersagequalität sowie dem guten Zusammenspiel mit dem Emissionsmodell nach Kožuch soll das Scheiben-Brennverlaufsmodell des FKFS auch in dieser Arbeit zur vorhersagefähigen Simulation der dieselmotorischen Verbrennung verwendet werden.

3.3.1 QDM-Diesel-Brennverlaufsmodell

Im Folgenden wird das QDM-Diesel genannte Scheiben-Modell, welches am FKFS entwickelt wurde vorgestellt. Die hier gegebene grobe Beschreibung orientiert sich an [42], [43] und [40], denen eine genauere Darstellung des Aufbaus und der Funktion entnommen werden kann. Als Scheiben-Modell lehnt sich das QDM-Diesel-Modell an den Ansatz nach Pirker und Chmela [44] an. Der Einspritzstrahl wird somit in axialer Richtung diskretisiert, während in radialer Richtung lediglich eine empirische λ-Verteilung aufgeprägt wird. Entsprechend ist der Einspritzverlauf von entscheidender Bedeutung und muss dem QDM-Diesel-Modell entweder in Form von gemessenen oder von einem Modell berechneten Verläufen vorgegeben werden.

3.3.1.1 Modellierung des Zündverzuges

Im QDM-Diesel-Modell wird für jede Einspritzung separat der Zündverzug berechnet. Hierfür wird für den chemischen Anteil des Zündverzuges der weit verbreitete Ansatz mittels einer Arrhenius-Gleichung in einer leicht modifizierten Variante verwendet (Gl. 3.9).

Die Modifizierungen der Standard-Arrhenius-Gleichung ermöglichen den Einsatz der Gleichung für alle Einspritzungen über die sich ergebenden weiten Betriebsbereiche. Der Vorfaktor k_{ZV1} reduziert die Reaktionsrate nach Arrhenius für Haupt- und Nacheinspritzungen. Die Anpassungen im Exponenten dienen der Berücksichtigung des Einflusses von vorhergegangen verbrannten Einspritzungen auf nachfolgende Einspritzungen.

Zusätzlich zum chemischen Anteil wird auch der physikalische Anteil des Zündverzuges über die Einspritzturbulenz berücksichtigt. Dies erfolgt mittels einer Magnussen-Gleichung (Gl. 3.10).

$$r_{Arr} = k_{ZV1} \cdot k_{Arr} \cdot c_{Krst.} \cdot c_{O_2} \cdot e^{\frac{-k_1 \cdot T_{Akt}}{T + Q_b \cdot k_{ZV2}}} \qquad \text{Gl. 3.9}$$

r_{Arr} Reaktionsrate nach Arrhenius $\left[\frac{kg}{m^3 \cdot s}\right]$

k_{ZV1} Abstimmparameter Zündverzug [−]

k_{Arr} Abstimmparameter $\left[\frac{m^3}{kg \cdot s}\right]$

$c_{Krst.}$ Kraftstoffmassenkonzentration $\left[\frac{kg}{m^3}\right]$

c_{O_2} Sauerstoffmassenkonzentration $\left[\frac{kg}{m^3}\right]$

k_1 Modellkonstante [−]

T_{Akt} Aktivierungstemperatur [K]

T Aktuelle Massenmitteltemperatur [K]

Q_b Summenbrennverlauf [J]

k_{ZV2} Abstimmparameter Zündverzug [−]

Die beiden Reaktionsraten können nun zu einer gemeinsamen Reaktionsrate kombiniert werden, indem ihre charakteristischen Reaktionszeiten als Kehrwert der Reaktionsraten addiert werden. Anschließend kann die so entstandene gemeinsame Reaktionsrate über alle Zeitschritte integriert werden um den Grenzwert für den Zündverzug zu erhalten (Gl. 3.11). Sobald dieses Integral einen festgelegten Grenzwert überschreitet beginnt die Verbrennung der entsprechenden Einspritzung.

$$r_{Mag} = k_{ZV1} \cdot k_{Mag} \cdot c_{O_2} \cdot \frac{\sqrt{k}}{\sqrt[3]{V_{Zyl.}}}$$ Gl. 3.10

r_{Mag} Reaktionsrate nach Magnussen $\left[\frac{kg}{m^3 \cdot s}\right]$

k_{ZV1} Abstimmparameter Zündverzug [−]

k_{Mag} Abstimmparameter [−]

c_{O_2} Sauerstoffmassenkonzentration $\left[\frac{kg}{m^3}\right]$

k Spezifische turbulente Energie $\left[\frac{m^2}{s^2}\right]$

$V_{Zyl.}$ Aktuelles Brennraumvolumen $[m^3]$

$$R = \int_{t_{EB}}^{t} r_{ZV} \cdot dt = \int_{t_{EB}}^{t} \frac{r_{Arr} \cdot r_{Mag}}{r_{Arr} + r_{Mag}} \cdot dt$$ Gl. 3.11

R Zündverzugsintegral $\left[\frac{kg}{m^3}\right]$

t_{EB} Zeitpunkt Einspritzbeginn $[s]$

t Akt. Zeitpunkt $[s]$

r_{ZV} Gemeinsame Reaktionsrate $\left[\frac{kg}{m^3 \cdot s}\right]$

r_{Arr} Reaktionsrate nach Arrhenius $\left[\frac{kg}{m^3 \cdot s}\right]$

r_{Mag} Reaktionsrate nach Magnussen $\left[\frac{kg}{m^3 \cdot s}\right]$

3.3.1.2 Modellierung für Voreinspritzungen

Das QDM-Diesel-Modell unterscheidet bei der Modellierung zwischen Voreinspritzungen sowie Haupt- und Nacheinspritzungen. Während die Haupt- und Nacheinspritzungen gemäß dem grundlegenden Ansatz nach Pirker und Chmela modelliert werden, lehnt sich die Modellierung der Voreinspritzungen an die Beschreibung einer vorgemischten Verbrennung nach Barba [45] an. Dieser Ansatz hat den Vorteil, dass er das für Voreinspritzungen wichtige Ausmagern gut abbilden kann. Somit können vor allem kleine Voreinspritzmengen, welche bei hohen Drehzahlen zum Ausmagern neigen oder bei langen Zündverzügen erst gar nicht brennen, besser modelliert werden. Hierfür wird jede Voreinspritzung als eigene Gemischwolke betrachtet, die mit der Zeit aufgrund von Luftbeimischung immer stärker ausmagert. Sollte eine Gemischwolke einer Voreinspritzung vor Ablauf des Zündverzuges zu stark ausmagern, so zündet sie erst gar nicht. Überschreitet das Ausmagern erst nach der Zündung diese Grenze, so erlischt die Verbrennung. In beiden Fällen wird der noch unverbrannte Kraftstoff der vorgemischten Verbrennung der Haupteinspritzung zugeschlagen. Die Gemischwolke einer Voreinspritzung wird dabei als homogen angenommen und die Verbrennung mittels einer fortschreitenden Flammenfront, ähnlich eines homogenen Ottomotors, beschrieben. Dieser Ansatz benötigt entsprechend eine Flammenausbreitungsgeschwindigkeit, welche sich als turbulente Flammengeschwindigkeit aus einer durch Turbulenz aufgerauten Flammenoberfläche und der laminaren Flammengeschwindigkeit ergibt. Die laminare Flammengeschwindigkeit wird dabei in Abhängigkeit des Kraftstoff-Luftverhältnisses der Gemischwolke berechnet. Auf diese Weise kann eine abbrechende Verbrennung bzw. eine überhaupt nicht stattfindende Zündung durch ein Ausmagern der Gemischwolke mittels negativer laminarer Flammengeschwindigkeiten modelliert werden.

3.3.1.3   Modellierung für Haupteinspritzungen

Zur Modellierung der Verbrennung von Haupteinspritzungen wird der Einspritzstrahl in konstanten zeitlichen Abschnitten in Scheiben diskretisiert. Während sich diese Scheiben in Einspritzrichtung durch den Brennraum bewegen wird ihnen mittels einer empirisch angenommenen Zumischung Luft beigemischt. Die noch während des Zündverzuges eingespritzte Kraftstoffmasse einer solchen Scheibe wird zu einem gewissen Anteil einem vorgemischten Kraftstoffreservoir zugeführt. Es wird angenommen, dass dieses Reservoir bei Ablauf des Zündverzuges bereits ausreichend mit Luft durchmischt ist und entsprechend in einer vorgemischten Verbrennung sehr schnell umgesetzt wird. Die Reaktionsrate dieser Verbrennung wird mittels eines Arrhenius-Ansatzes beschrieben, siehe Gl. 3.12.

$$r_{Pre} = k_{Pre} \cdot c_{Krst.} \cdot c_{O_2} \cdot e^{\frac{-k_1 \cdot T_{Akt}}{T}} \qquad \text{Gl. 3.12}$$

r_{Pre} Reaktionsrate vorgem. Verbrennung $\left[\frac{kg}{m^3 \cdot s}\right]$

k_{Pre} Abstimmparameter vorgem. Verbrennung $\left[\frac{m^3}{kg \cdot s}\right]$

$c_{Krst.}$ Kraftstoffmassenkonzentration $\left[\frac{kg}{m^3}\right]$

c_{O_2} Sauerstoffmassenkonzentration $\left[\frac{kg}{m^3}\right]$

k_1 Modellkonstante $[-]$

T_{Akt} Aktivierungstemperatur $[K]$

T Massenmitteltemperatur $[K]$

Unter Verwendung des Volumens für eine stöchiometrische Kraftstoff-Luftmischung mit dem Kraftstoff aus dem vorgemischten Reservoir einer Scheibe sowie unter Berücksichtigung des Einflusses der AGR-Konzentration ergibt sich die Brennrate der vorgemischten Verbrennung für jeden Zeitschritt und jede Scheibe als Massenumsatzrate gemäß Gl. 3.13.

$$\frac{dm_{b,Pre}}{dt} = r_{Pre} \cdot V_{Mix} \cdot (t - t_{BB})^2 \cdot (1 - x_{AGR})^{k_x} \qquad \text{Gl. 3.13}$$

$\frac{dm_{b,Pre}}{dt}$ Massenumsatz der vorgem. Verbrennung $\left[\frac{kg}{s}\right]$

r_{Pre} Reaktionsrate vorgem. Verbrennung $\left[\frac{kg}{m^3 \cdot s}\right]$

V_{Mix} Stöchiometrisches Gemischvolumen $[m^3]$

t Aktueller Zeitpunkt $[s]$

t_{BB} Zeitpunkt des Brennbeginns $[s]$

x_{AGR} Restgasgehalt $[-]$

k_x Abstimmparameter AGR-Einfluss $[-]$

Der restliche während des Zündverzuges sowie sämtlicher danach eingespritzte Kraftstoff werden für jede Scheibe einem Diffusions-Reservoir zugeführt. Es wird angenommen, dass sich die Scheiben zunächst mit konstanter
Geschwindigkeit, entsprechend der Geschwindigkeit des eingespritzten
Kraftstoffs, durch den Brennraum bewegen, bevor der Einspritzstrahl auf-
bricht und sich die Scheiben aufgrund von Luftbeimischung verlangsamen.
Diese Luftbeimischung erfolgt gemäß einer empirischen Lambda-Verteilung
und gemeinsam mit der momentanen Eindringtiefe einer jeden Scheibe kann
die Scheibe in einen von drei modellierten Bereiche fallen, siehe
Abbildung 3.20. Im Bereich A in der Nähe der Einspritzdüse ist das Luft-
Kraftstoffgemisch zu fett, als das es zu einer Verbrennung kommen könnte.
Im sich anschließenden Bereich B liegt ein für die Verbrennung günstiges
Luftverhältnis vor, weshalb in diesem Bereich die schnelle Diffusionsverbrennung I stattfindet. In den Bereich B fällt auch das stöchiometrische Verbrennungsluftverhältnis. Noch weiter im Strahlaußenbereich schließt sich der
Bereich C an, welcher ein sehr mageres Luftverhältnis aufweist. Entsprechend läuft die hier modellierte Diffusionsverbrennung II deutlich langsamer
ab.

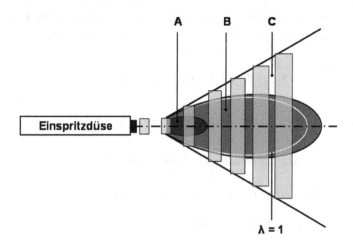

Abbildung 3.20: Lambda-Abschnitte für FKFS Scheiben-Modell [42]

Die schnelle Diffusionsverbrennung I im Bereich B wird gemäß Gl. 3.14
berechnet, wobei die spezifische Turbulenz aus dem Geschwindigkeitsprofil

des Einspritzstrahls für die Anteile im Reservoir der Diffusionsverbrennung I herangezogen wird. Für die magereren Bereiche des Einspritzstrahls wird die Diffusionsverbrennung II analog gemäß Gl. 3.15 berechnet.

$$\frac{dm_{b,Diff\,I}}{dt} = \frac{k_{Mod,I} \cdot m_{Krst.,I} \cdot k_I^{0,5 \cdot k_{t\,exp}}}{l_c} \qquad \text{Gl. 3.14}$$

$\dfrac{dm_{b,Diff\,I}}{dt}$ Massenumsatz Diffusionsverbrennung I $\left[\frac{kg}{s}\right]$

$k_{Mod,I}$ Abstimmparameter Diffusionsverbrennung I [−]

$m_{Krst.,I}$ Kraftstoffmasse in Diffusionsreservoir I $[kg]$

k_I Spez. turb. Energie Diffusionsreservoir I $\left[\frac{m^2}{s^2}\right]$

$k_{t\,exp}$ Modellkonstante [−]

l_c Charakteristische Länge $[m]$

$$\frac{dm_{b,Diff\,II}}{dt} = \frac{k_{Mod,II} \cdot m_{Krst.,II} \cdot k_{II}^{0,5 \cdot k_{t\,exp}}}{l_c} \qquad \text{Gl. 3.15}$$

$\dfrac{dm_{b,Diff\,II}}{dt}$ Massenumsatz Diffusionsverbrennung II $\left[\frac{kg}{s}\right]$

$k_{Mod,II}$ Abstimmparameter Diffusionsverbrennung II [−]

$m_{Krst.,II}$ Kraftstoffmasse in Diffusionsreservoir II $[kg]$

k_{II} Spez. turb. Energie Diffusionsreservoir II $\left[\frac{m^2}{s^2}\right]$

$k_{t\,exp}$ Modellkonstante [−]

l_c Charakteristische Länge $[m]$

Abschließend berechnet sich die gesamte Brennrate mittels des unteren Heizwertes aus den einzelnen Verbrennungsanteilen, siehe Gl. 3.16.

$$\frac{dQ_b}{dt} = H_u \cdot \sum_{n=1}^{n_{max}} \left(\frac{dm_{b,Pre}}{dt} + \frac{dm_{b,Diff\,I}}{dt} + \frac{dm_{b,Diff\,II}}{dt} \right) \qquad \text{Gl. 3.16}$$

$\dfrac{dQ_b}{dt}$ Gesamtbrennrate der Haupteinspritzung $\left[\frac{J}{s}\right]$

H_u Heizwert $\left[\frac{J}{kg}\right]$

$\dfrac{dm_{b,Pre}}{dt}$ Massenumsatz der vorgem. Verbrennung $\left[\frac{kg}{s}\right]$

$\dfrac{dm_{b,Diff\,I}}{dt}$ Massenumsatz Diffusionsverbrennung I $\left[\frac{kg}{s}\right]$

$\dfrac{dm_{b,Diff\,II}}{dt}$ Massenumsatz Diffusionsverbrennung II $\left[\frac{kg}{s}\right]$

n Scheibennummer [–]

n_{max} Scheibenanzahl [–]

3.3.1.4 Modellierung für Nacheinspritzungen

Die Verbrennung von Nacheinspritzungen wird auf gleiche Weise modelliert wie es für die Verbrennung der Haupteinspritzung beschrieben wurde. Die Modellierung erfolgt unabhängig von der Haupteinspritzung, wodurch eine Beeinflussung nur über die sich durch die Verbrennung der Haupteinspritzung einstellenden Temperatur und Druckverläufe erfolgt.

3.3.1.5 Vergleich zwischen Druckverlaufsanalyse und Simulation

Insbesondere für die Simulation von instationären Vorgängen ist es wichtig eine gute Modellabstimmung mit nur einem einzigen gemeinsamen Parametersatz für alle Betriebspunkte zu erreichen, da bei späteren transienten Simulationen betriebspunktabhängige Parameter zu ungewolltem Verhalten führen können. Deshalb wurde das QDM-Diesel-Modell für diese Arbeit auf einen gemeinsamen Parametersatz abgestimmt und für alle Simulationen auch nur dieser Parametersatz verwendet. Die abgestimmten Parameter und ihre Bedeutung sind in **Tabelle 3.1** aufgeführt, während alle restlichen Parameter auf den Standardwerten belassen wurden.

Tabelle 3.1: Abgestimmte Parameter des QDM-Diesel-Modells

Parameter	Zweck
k_{Arr}	Abstimmung Zündverzug
k_{ZV1}	Skalierung Zündverzug Haupt- und Nacheinspritz.
k_{ZV2}	Einfluss bereits freigesetzte Energie auf ZV
$c_{turbFlammengeschw}$	Brenngeschwindigkeit der Voreinspritzungen
k_{1VE}	Abstimmung Verbrennung ausgemagerte VE in HE
k_1	Abstimmung Premixedverbrennung
k_x	Einfluss AGR auf Premixedverbrennung
$k_{Mod,1}$	Abstimmung Diffusionsverbrennung I
$k_{Mod,2}$	Abstimmung Diffusionsverbrennung II

Mit diesen abgestimmten Parametern erreicht das QMD-Diesel-Modell eine gute Vorhersagefähigkeit für die Brennverläufe am in dieser Arbeit vermessenen Motor. Für einige Betriebspunkte aus der Kennfeldvermessung sind den aus indizierten Zylinderdruckverläufen mittels Druckverlaufsanalyse gewonnen Brennverläufen aus **Abbildung 3.21** in **Abbildung 3.22** die entsprechenden Simulationsergebnisse mittels QDM-Diesel gegenübergestellt.

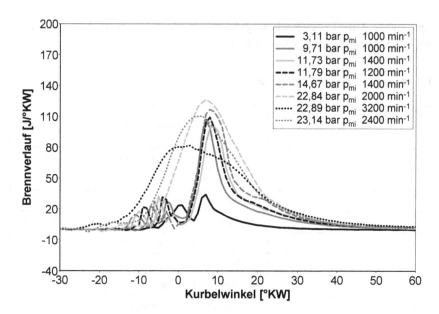

Abbildung 3.21: Brennverläufe aus der Druckverlaufsanalyse

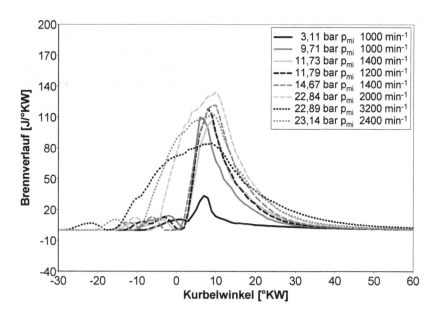

Abbildung 3.22: Brennverläufe aus der QDM-Diesel Simulation

4 Versuchsaufbau

Zur Entwicklung des instationären Emissionsmodells standen Messungen zur Verfügung, welche an einem Dieselmotor auf einem dynamischen Motorenprüfstand gewonnen wurden [46]. Der vermessene Motor, sowie die hierbei verwendete Messtechnik und der Prüfstandsaufbau soll in den folgenden Abschnitten, im Rahmen ihrer Relevanz für das hier vorgestellte Emissionsmodell, kurz vorgestellt werden. Für eine ausführlichere Beschreibung dieser Punkte sei auf [46] verwiesen.

4.1 Prüfling

Die Messdaten für diese Arbeit stammen von einem Dieselmotor der Daimler AG. Es handelt sich um eine modifizierte Variante der Euro 5 Stufe des OM 642 [47], [48], eines V6-TDI Motors mit Abgasturboaufladung und Common-Rail Einspritzsystem. Vom Serienmotor unterscheidet sich der Prüfling durch ein reduziertes Verdichtungsverhältnis aufgrund eines angepassten Kolbens. Die wichtigsten Kenngrößen des Prüflings sind in **Tabelle 4.1** aufgeführt.

Tabelle 4.1:   Kenngrößen des Prüflings [47]

Kenngröße	Wert
Anzahl Zylinder	6
Bauart	V-Motor (72° Bankwinkel)
Bohrung x Hub	83 mm x 92 mm
Hubraum je Zylinder	497,8 cm³
Pleuellänge	163 mm
Verdichtungsverhältnis (thermodyn.)	Reduziert auf 14,3:1
Ventile pro Zylinder	2 EV / 2 AV
Ventiltrieb	DOHC
Einspritzsystem	Common Rail
Max. Einspritzdruck	1600 bar
Nennleistung	165 kW @ 3800 min^{-1}
Max. Drehmoment	510 Nm @ 4500 min^{-1}

4.2 Messstellen

Der Prüfling wurde für die Untersuchungen mit einer Vielzahl an Sensoren
ausgestattet. Neben der üblichen Hochdruckindizierung für jeden Zylinder
mittels piezoelektrischer Drucksensoren in speziellen Aufnahmebohrungen
zwischen den Auslassventilen war ebenso jeweils eine Niederdruckindizie-
rung mittels piezoresistiver Absolutdrucksensoren im Ladeluftverteiler und
Abgaskrümmer der beiden Zylinderbänke vorhanden. In **Abbildung 4.1** sind
zusätzlich noch die Messstelle der Luftmassenmessung mittels Heißfilm-
anemometer (Sensyflow), die Messstellen für die schnelle Abgasmesstechnik
(Fast NO-Aufnahme) sowie der Entnahmestelle der konventionellen Abgasmessanlage des Prüfstands (NO/HC/CO/CO_2-Aufnahme) eingezeichnet.
Nicht eingezeichnet sind die Kraftstoffmessung mittels Kraftstoffwaage und
Kühlmittel- sowie Motorölkonditionierung mit ihren entsprechenden Messstellen und die zusätzlich im gesamten Luftpfad an verschiedenen relevanten
Stellen verteilten Temperatur- und Drucksensoren. Als weitere Größen stan-

den sämtliche vom Seriensteuergerät aufgezeichneten Messgrößen sowie die vom Steuergerät mittels Modellen berechneten Größen zur Verfügung.

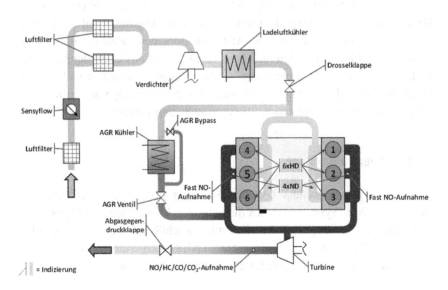

Abbildung 4.1:   Messstellenplan [46]

4.3   Messgeräte

Im Rahmen dieser Arbeit sind für die Modellentwicklung besonders die Messgeräte zur Stickoxidkonzentrationsmessung von Bedeutung. Deshalb werden diese im Folgenden etwas detaillierter vorgestellt, während die restlichen verwendeten Messgeräte nicht gesondert beschrieben werden. Bei den nicht beschriebenen Messgeräten, wie z. B. der Kraftstoffwaage, dem Luftmassenmesser, den Drucksensoren der Indizierung sowie den Druck- und Temperatursensoren im Luftpfad handelt es sich um Standardmesstechnik, welche in ähnlicher Form an praktisch jedem Motorenprüfstand eingesetzt wird. Ihre Funktionsweise ist für diese Arbeit nicht relevant und kann entsprechender Literatur entnommen werden. Einige dieser Messgeräte, vor allem weitere Abgasmessgeräte, werden außerdem in [46] kurz vorgestellt.

In Kapitel 3.1 wurde bereits das allgemeine Messverfahren eines Chemilumineszenz-Detektors erläutert. Bei den für diese Arbeit durchgeführten Messungen kamen mehrere derartige Messgeräte zum Einsatz. Zum einen die üblicherweise an Motorprüfständen eingesetzte Abgasmessanlage (AMA) zur Messung der verschiedenen Abgaskomponenten, welche zur Bestimmung der NO-Konzentration im Abgas ebenfalls auf das Chemilumineszenzverfahren zurückgreift. Zum anderen kamen zwei spezielle schnelle CLD-Detektoren als schnelle Stickoxidmesstechnik zur Messung von zeitlich hoch aufgelösten Stickstoffmonoxidkonzentrationen zum Einsatz.

4.3.1 Abgasmessanlage

Bei einer Abgasmessanlage (AMA) handelt es sich um ein meist modular aufgebautes Messsystem, welches die gängigen Messgeräte zur Abgasanalyse vereint. In der Regel als Schrank mit Einschüben aufgebaut kombiniert eine AMA alle notwendigen Messgeräte und Zusatzgeräte zur Messung der wichtigsten Abgaskomponenten, siehe **Tabelle 4.2**, in einem Aufbau.

Tabelle 4.2:   Messgeräte zur Messung verschiedener Abgaskomponenten

Abgaskomponente	Messgerät
CO und CO_2	Nichtdispersiver Infrarot-Absorptionssensor (NDIR)
NOx	Chemilumineszenz-Detektor (CLD)
HC	Flammenionisations-Detektor (FID)
O_2	Paramagnetischer Sauerstoff Detektor (PMD)
Partikel	Smokemeter

Der für die Messung der Stickoxidkonzentration verwendete Chemilumineszenz-Detektor funktioniert nach dem in Kapitel 3.1 beschriebenen Messverfahren. In der AMA sind zusätzlich der für das Messverfahren notwendige Ozongenerator sowie der NO_2/NO-Konverter integriert. Somit stellt die AMA alle für die Stickoxidkonzentrationsmessung benötigten Komponenten bereit und konzentriert für diese sowie die restlichen Messgeräte zur Abgasanalyse alle Anschlüsse in einem Gerät. Auf diese Weise können alle

Messleitungen für das Probengas sowie Leitungen für Referenz- und Hilfs-
gase an eine zentrale Stelle verlegt werden. Die entsprechende Entnahmestelle der AMA lag nach der Turbine (siehe **Abbildung 4.1**), da die AMA selbst
bereits eine recht lange Ansprechzeit besitzt und die zusätzliche zeitliche
Verzögerung durch eine weiter vom Zylinder entfernte Entnahmestelle somit
nicht ins Gewicht fällt, der Zugang an dieser Stelle jedoch deutlich einfacher
erfolgen konnte.

4.3.2 Schnelle Stickoxidmesstechnik

Auch der für diese Arbeit verwendete Chemilumineszenz-Detektor mit be-
sonders hoher zeitlicher Auflösung unterscheidet sich nicht grundlegend vom
Aufbau eines konventionellen CLD wie er in Kapitel 3.1 beschrieben wurde.
Die schnellere Reaktionszeit bzw. höhere zeitliche Auflösung des schnellen
CLD wird vielmehr durch den konsequenten Verzicht auf jegliche Form von
Totvolumina erreicht. Entsprechend verfügt der schnelle CLD über möglichst kurze Entnahmeleitungen, verzichtet auf Filter und ist generell möglichst kompakt aufgebaut. Bei dem für diese Arbeit verwendeten Typ
CLD500 von Cambustion lassen sich laut Hersteller auf diese Weise An-
sprechzeiten ab 2 ms realisieren [49]. Die Messdaten für die Modellentwicklung wurden mit zwei derartigen CLD500 aufgenommen, welche jeweils vor
den innen liegenden Zylindern (Zylinder 2 und 5) der beiden Zylinderbänke
installiert wurden. Die Entnahmesonden der Messgeräte lagen dabei unmittelbar im Auslasskanal der beiden Zylinder (siehe **Abbildung 4.1**), wodurch
gemeinsam mit den sehr kurzen verbauten Leitungen das Ansprechverhalten
weiter verbessert werden konnte.

Die schnelle Messtechnik zur Bestimmung der Stickoxidkonzentration bringt
jedoch auch Nachteile mit sich: Unmittelbar aus dem Konzept der schnellen
Messtechnik ergibt sich, dass wie bereits erwähnt auf sämtliche Totvolumina
verzichtet wird und somit auch keine Filter verbaut werden. Somit sind entsprechende Messgeräte äußerst sensibel gegenüber Verschmutzungen. Insbesondere die mit 0,008″ (ca. 0,2 mm) sehr dünne Kapillare [46], welche zur
Messkammer führt und hilft das dortige partielle Vakuum konstant aufrecht
zu erhalten, kann sehr leicht verschmutzen und dadurch die Messung beeinflussen. Beim Dieselmotor sind hier vor allem die nicht zu vermeidenden

Partikel im Abgas kritisch, da sie sich sehr leicht in der Kapillare ablagern können. Da die Verwendung eines Filters die zeitliche Auflösung des Messgerätes verschlechtern würde, ist in diesem Fall nur durch regelmäßige Reinigung der schnellen Messtechnik eine Verschlechterung der Messdatenqualität zu verhindern. Aus diesem Grund wurde der schnelle CLD500 auch nur für transiente Messungen verwendet, während für die stationären Messungen der CLD in der AMA genutzt wurde. Bei stationären Messungen wäre die schnelle Messtechnik schlicht zu schnell verschmutzt, mit entsprechenden Nachteilen für eine konstant hohe Messgenauigkeit sowie die Reproduzierbarkeit der Messungen. Die Messgeräte hätten zu oft gereinigt werden müssen, was jeweils mit Abschaltung, Auseinanderbau, Reinigung und Neukalibrierung verbunden gewesen wäre.

5 Stationäre Messung: Variation des Motortemperaturniveaus

Obwohl diese Arbeit instationäre Stickoxidemissionen behandelt, konnten bereits bei stationären Messungen Zusammenhänge aufgedeckt werden, welche für die Modellierung der instationären Stickoxidemissionen relevant sind. Die besonders interessanten Messungen einer stationären Variation der Kühlmittel- und Öltemperatur sollen im Folgenden vorgestellt werden. Hierbei handelt es sich jedoch nur um einen kleinen Teil der insgesamt durchgeführten stationären Messungen. Für eine Übersicht und Beschreibung aller durchgeführten Messungen, sowie dem detaillierten Vorgehen bei ihrer Erstellung sei auf [46] verwiesen.

Für die Stickoxidbildung stellt die herrschende Temperatur den wichtigsten Einflussfaktor dar (Kapitel 2.2.1). Die Temperaturen im Inneren des Brennraumes werden jedoch nicht nur von den dort ablaufenden Vorgängen beeinflusst sondern hängen auch vom allgemeinen Temperaturniveau des Motors ab. Bei stationärer Betrachtung stellt sich die Motorbetriebstemperatur als konstante Randbedingung dar. Für transiente Vorgänge ergibt sich jedoch ein ebenfalls transienter Verlauf der Motorbetriebstemperatur. Insbesondere nach einem Kaltstart ist mit einer hohen Dynamik der Motortemperatur zu rechnen. Entsprechend erscheint eine Untersuchung des Einflusses der Motorbetriebstemperatur auf die Stickoxidemissionen sinnvoll.

Das Aufheizverhalten eines Verbrennungsmotors hat großen Einfluss auf eine Vielzahl an Betriebsgrößen und spielt auch für die Emissionen eine wichtige Rolle. Bei der Entwicklung neuer Motoren wird steigender Wert auf ein gutes Aufheizverhalten gelegt, um ein schnelles Aufheizen des Motors (und der Abgasstrecke) zu gewährleisten und die motorisch ungünstige Phase des kalten Motorbetriebs möglichst schnell zu verlassen. Hierdurch sollen z. B. erhöhte Reibungsverluste aufgrund der größeren Viskosität des Motoröls bei niedrigen Temperaturen möglichst schnell beseitigt und das ungünstige Emissionsverhalten unterhalb der Light-Off-Temperatur der Abgasnachbehandlung minimiert werden.

Bezogen auf die Stickoxidemissionen ist das allgemeine Temperaturniveau des Motors von Bedeutung, da sich hierüber auch die Temperaturen im Brennraum verändern. Für die ersten Arbeitsspiele unmittelbar nach einem Motorkaltstart, während derer sich die Brennraumwand von Umgebungstemperatur aufheizt, kann sich das Temperaturniveau deutlich vom normalen Betrieb unterscheiden. Diese Phase dauert jedoch nur wenige Arbeitsspiele an. Wesentlich länger können die Temperaturunterschiede aufgrund von kälterer Kühlmittel- und Öltemperatur in der Warmlaufphase nach einem Motorkaltstart andauern. Auch für diese Betriebsphase sind niedrigere Temperaturen für die Brennraumwand (wenn auch nicht so drastisch wie für die ersten Arbeitsspiele) und damit auch im Brennraum zu erwarten, als sie für äquivalente Betriebspunkte bei betriebswarmem Motor auftreten.

Um das Verhalten der Stickoxidemissionen in Bezug auf die Motorbetriebstemperaturen zu untersuchen, wurden zunächst an einem stationären Betriebspunkt Variationen der Kühlmittel- und Motoröltemperatur durchgeführt. Hierfür waren am Motorprüfstand externe Konditionieranlagen für Kühlmittel und Motoröl vorhanden, so dass für beide Betriebsstoffe getrennt eine gewünschte Temperatur eingestellt werden konnte. Mit diesem Aufbau hätten sich sehr weite Variationsbereiche der Temperaturen der beiden Betriebsstoffe einstellen lassen. Jedoch verfügt der Motor selbst über einen Öl-Kühlmittel-Wärmetauscher wodurch eine Kopplung der Temperaturen der beiden Betriebsstoffe entsteht. Aus diesem Grund konnten trotz getrennter externer Konditionierung der beiden Betriebsstoffe nur Spreizungen von unter 20°K zwischen ihren Temperaturen realisiert werden [46].

Für die Variation wurde ein Betriebspunkt in Anlehnung an die Serienapplikation aus dem Niedriglast- und Niedrigdrehzahlbereich des NEFZ gewählt: 3 bar p_{mi} bei 850 min^{-1}. Die einzige Abweichung von der Serienapplikation des Betriebspunktes stellt der Verzicht auf Abgasrückführung für die Messungen dar. Für die angestrebte Untersuchung des Einflusses des Motortemperaturniveaus ist der Verzicht auf AGR vorteilhaft, da sich auf diese Weise die Einlasstemperaturen besser einstellen lassen. Dies liegt daran, dass der Motor über Kühlmittelkanäle zwischen den Einlasskanälen verfügt [48] und hierdurch eine Variation der Kühlmitteltemperatur zwangsläufig zu einer Anpassung der Ladelufttemperatur führt. Ohne AGR besteht die Gasströmung in den Einlasskanälen zu 100% aus Frischluft, deren Temperatur durch den verbauten Wasser-Luft-Wärmetauscher direkt konditioniert werden kann um dem Effekt der veränderten Kühlmitteltemperatur entgegenzuwirken. Mit AGR ist die Ladelufttemperatur über das rückgeführte Abgas an die Bedingungen im Brennraum rückgekoppelt, so dass eine Einstellung einer konstanten Ladelufttemperatur im thermischen Gleichgewicht wesentlich schwieriger ist. Eine möglichst präzise Einstellung der Ladelufttemperatur ist jedoch besonders wichtig, da über die Dichte sonst eine Beeinflussung der Zylinderfüllung mit entsprechenden Auswirkungen auf die weiteren Vorgänge im Brennraum stattfindet. Dies würde die Auswertung der Kühlmittel- und Öltemperaturvariation deutlich erschweren. Ohne AGR konnte die Ladelufttemperatur beinahe gleich bleibend auf 25 °C gehalten werden, wodurch die Zylinderfüllung bis auf 1% konstant blieb und somit nur minimale Quereinflüsse in der Kühlmittel- und Öltemperaturvariation zu erwarten sind [46].

Alle weiteren Stellgrößen am Motor wurden, wie bereits dargelegt, auf den Werten der Serienapplikation belassen: Die Einspritzstrategie (Einspritzmenge, Einspritzzeiten und Raildruck), VTG-Stellung, Einlasskanalabschaltung und Drosselklappe wurden konstant gehalten. Alle in den Messungen sichtbaren Phänomene sind somit von der Kühlmittel- und Öltemperaturvariation ausgelöst. Die Kühlmitteltemperatur wurde für die Untersuchung in vier Schritten von 35 °C bis 80 °C variiert, während die Öltemperatur jeweils im Rahmen der Möglichkeiten um diese Werte herum verstellt wurde, siehe **Tabelle 5.1**.

Die jeweils gemessenen Konzentrationen an Stickstoffmonoxid im Abgas sind in **Abbildung 5.1** über der Kühlmittel- und Öltemperatur aufgetragen. Wie erwartet zeigt sich, dass die Kühlmitteltemperatur einen deutlichen Einfluss auf die NO-Konzentration hat, während die Öltemperatur einen schwächeren Einfluss zeigt. Von der niedrigsten (35 °C) bis zur höchsten Kühlmitteltemperatur (80 °C) verstärkt sich die NO-Konzentration um beinahe 90 % von 170 ppm auf 320 ppm. Demgegenüber ändert sich die NO-Konzentration nur um maximal 17 ppm bei einem Öltemperaturschritt von 11 °C. Selbst wenn die deutlich größere Temperaturschrittweite bei der Kühlmitteltemperatur berücksichtigt wird, fällt der Einfluss der Öltemperatur schwächer aus. Das Kühlmittel kann über den Wassermantel um den Brennraum herum wesentlich stärker Einfluss auf das dortige Temperaturniveau nehmen, als es dem Motoröl (hauptsächlich über die Öldüsen unter dem Kolben) möglich ist.

Tabelle 5.1:   Variationen der Kühlmittel- und Öltemperaturvariation

Betriebspunkt	Kühlmitteltemperatur	Öltemperatur
1 [35|37]	35 °C	37 °C
2 [35|41]	35 °C	41 °C
3 [35|46]	35 °C	46 °C
4 [49|55]	49 °C	55 °C
5 [50|60]	50 °C	60 °C
6 [50|66]	50 °C	66 °C
7 [66|62]	66 °C	62 °C
8 [66|66]	66 °C	66 °C
9 [65|73]	65 °C	73 °C
10 [80|76]	80 °C	76 °C
11 [80|80]	80 °C	80 °C
12 [80|85]	80 °C	85 °C

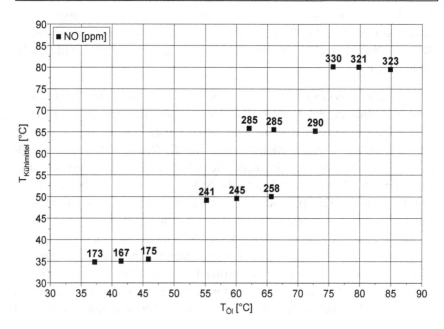

Abbildung 5.1:   Stickstoffmonoxidemissionen über Kühlmittel- und Öltemperatur

Zur zusätzlichen Analyse wurde mit den gemessenen Druckverläufen der Kühlmittel- und Öltemperaturvariation eine Druckverlaufsanalyse (DVA) durchgeführt. Auf diese Weise konnten weitere Daten wie die Brennverläufe (**Abbildung 5.2**), Summenbrennverläufe (**Abbildung 5.3**) und Massenmitteltemperaturverläufe (**Abbildung 5.4**) ausgewertet werden. Hierdurch ergeben sich tiefere Einblicke in die Auswirkungen der Kühlmittel- und Öltemperaturvariation und es sind erste Aussagen bezüglich ihrer Wirkung auf die Stickstoffmonoxidkonzentrationen möglich.

Die Brennverläufe in **Abbildung 5.2** zeigen, wie bereits die NO-Konzentrationen in **Abbildung 5.1**, eine starke Ähnlichkeit für gleiche Kühlmitteltemperaturen aber unterschiedliche Öltemperaturen während sie sich für unterschiedliche Kühlmitteltemperaturen deutlich unterscheiden. Im Unterschied zu den NO-Konzentrationen lassen sich jedoch keine quantitativen Aussagen treffen, so dass bei der Bewertung der Brennverläufe die unterschiedlich großen Temperaturschritte für Kühlmittel- und Öltemperatur zu berücksichtigen sind. Generell zeigt sich, dass der Zündverzug stark auf die Kühlmitteltemperatur reagiert. Für kältere Kühlmitteltemperaturen wächst der Zündverzug kontinuierlich an. Hieraus ergeben sich entsprechend größere Anteile der vorgemischten Verbrennung mit steileren Druckgradienten. Für die niedrigste Kühlmitteltemperatur fällt der Zündverzug derart hoch aus, dass die Verbrennung erst nach dem Ende der zweiten Voreinspritzung und damit unmittelbar vor dem oberen Totpunkt beginnt. Dies hat eine deutlich geänderte Form der Verbrennung der Voreinspritzungen zur Folge, da sich diese zu einem guten Teil in der Expansionsphase abspielt. Entsprechend fällt die Verbrennung schwächer aus und ein Teil der so nicht umgesetzten Energie wird in der Verbrennung der Haupteinspritzung umgesetzt. Für die anderen Kühlmitteltemperaturen zeigt sich dort sonst der gleiche Trend wie bei den Verbrennungen der Voreinspritzungen: niedrigere Kühlmitteltemperaturen sorgen für höhere Brennverläufe. Der Ausbrand erfolgt beinahe unabhängig vom Temperaturniveau. Die Brenndauern für niedrigere Temperaturen fallen dementsprechend kürzer aus.

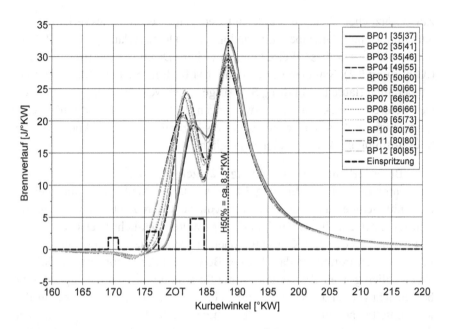

Abbildung 5.2: Brennverläufe der Kühlmittel- und Öltemperatur-Variation [46]

Bei der Analyse der Summenbrennverläufe aus **Abbildung 5.**3 fällt zunächst wieder der bereits bei den Brennverläufen sichtbare längere Zündverzug für niedrigere Temperaturen auf. Bei den Summenbrennverläufen zeigt sich jedoch, dass ab ca. 187°KW die Verläufe, mit Ausnahme der niedrigsten Kühlmitteltemperatur, beinahe gleich verlaufen und auch der Endwert und somit die insgesamt umgesetzte Energie beinahe gleich liegen. Für die niedrigste Kühlmitteltemperatur liegt der Summenbrennverlauf grundsätzlich unter denen der höheren Kühlmitteltemperaturen und auch der Endwert liegt um ca. 5 % niedriger. Da die Einspritzung konstant gehalten wurde ist dies gleichbedeutend mit einem schlechteren Umsatzgrad, was auch in erhöhten Emissionen an unverbrannten Kohlenwasserstoffen (HC) und Kohlenstoffmonoxid (CO) sichtbar wird [46].

Aussagen über die Stickoxidemissionen einzig anhand von Brenn- und Summenbrennverläufen zu treffen ist äußerst schwierig. Eine konkrete und belastbare Aussage lässt sich praktisch nur bei Betrachtung der Temperaturverläufe im Zylinder treffen. Für diesen Zweck sind in **Abbildung 5.4** die mit Hilfe der DVA berechneten Massenmitteltemperaturen dargestellt.

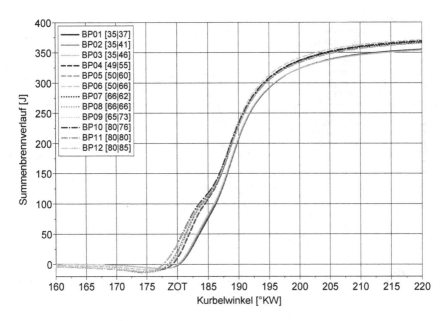

Abbildung 5.3: Summenbrennverläufe der Kühlmittel- und Öltemperatur-Variation [46]

Zwar sind für die Stickoxidbildung insbesondere die Temperaturen im verbrannten Gemisch relevant, allerdings lassen sich diese nicht ohne weiteres mittels einer DVA bestimmen. Für eine DVA werden grundsätzliche einige Annahmen und Randbedingungen (z. B. Wandwärmeübergangskoeffizient, Wandtemperaturen, Zylinderfüllung, usw.) benötigt, welche mit unterschiedlicherer Genauigkeit abgeschätzt oder von Modellen berechnet werden können. Auch die genaue Aufteilung der aus der Verbrennung freigesetzten Energie auf eine unverbrannte und eine verbrannte Zone ist unbekannt und es wäre ein Modell zu ihrer Berechnung notwendig. Ein solches Modell entspräche jedoch gerade, wie bereits in Kapitel 3.2 beschrieben, einem Modell zur Vorhersage der Stickoxidbildung, da der abschließende Schritt zur Berechnung der NO-Bildung durch den Zeldovich-Mechanismus gegeben ist. Entsprechend ließen sich bei Verwendung eines solchen Modells keine be-

lastbaren Temperaturen in der verbrannten Zone erzeugen, da diese direkt
vom verwendeten Modell abhängen.

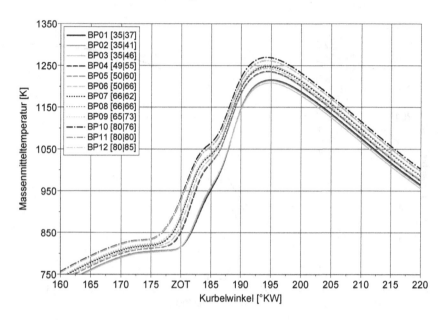

Abbildung 5.4: Massenmitteltemperaturen der Kühlmittel- und Öltemperatur-Variation
[46]

Aus diesem Grund beschränkt sich die Analyse auf die Massenmitteltemperaturen in **Abbildung 5.4**, welche direkt aus der DVA gewonnen werden
können. Da es sich bei der Massenmitteltemperatur um die massengemittelte
Temperatur der Zylinderfüllung handelt liegt ihr Maximum deutlich nach
dem oberen Totpunkt. Die deutlich höheren Temperaturen die in der verbrannten Zone um oder unmittelbar nach dem oberen Totpunkt zu erwarten
sind, spielen aufgrund des bis dahin noch recht geringen Anteils an verbrannter Masse keine große Rolle. Trotzdem ist für den Beginn der Expansionsphase nach OT bei ca. 185°KW ein abknicken der Massenmitteltemperaturverläufe zu erkennen der den dann sinkenden Temperaturen der verbrannten
Masse geschuldet ist. Aufgrund des zunehmenden Anteils der verbrannten
Masse steigt die massengemittelte Temperatur dennoch an. Relevant für die
NO-Bildung ist trotzdem die Temperatur der verbrannten Masse und bei
Erreichen der höchsten Massenmitteltemperatur bei ca. 195°KW ist die NO-

Bildung wahrscheinlich bereits zum größten Teil abgeschlossen. Dies erklärt auch, warum die NO-Konzentrationen für unterschiedliche Öltemperaturen bei konstanter Kühlmitteltemperatur nur für das 50 °C Kühlmitteltemperaturniveau eine deutlichere Spreizung zeigen. Bei dieser Kühlmitteltemperatur liegt die Massenmitteltemperatur für die Öltemperatur von 66 °C deutlich über den beiden anderen dieses Temperaturniveaus. Eine Ähnliche Spreizung der Massenmitteltemperaturen bei ihren Maxima z. B. für das höchste Kühlmitteltemperaturniveau zeigt keine derartig ausgeprägte Spreizung der NO-Konzentrationen.

Die Kühlmittel- und Öltemperaturvariation hat eine starke Abhängigkeit der gemessenen NO-Konzentrationen von der Kühlmitteltemperatur und eine schwächere Abhängigkeit von der Öltemperatur gezeigt. Die Auswertung der durchgeführten DVA hat unterschiedliche Brennverläufe für die verschiedenen Temperaturniveaus sowie einen schlechteren Umsatzgrad für die niedrigsten Temperaturen offenbart. Die Betrachtung der Massenmitteltemperaturen hat im relevanten Kurbelwinkelbereich ebenfalls unterschiedliche Verläufe erkennbar gemacht. Dies sind alles Punkte, welche für die transiente Simulation von Stickoxidemissionen ebenfalls relevant sein werden und entsprechend bei den transienten Untersuchungen berücksichtigt und untersucht werden müssen.

6 Instationäre Messungen

Nachdem im vorigen Kapitel stationäre Untersuchungen bezüglich des Einflusses des Motortemperaturniveaus vorgestellt wurden, soll sich dieses Kapitel mit den transienten Messungen beschäftigen, welche in [46] vorgestellt werden. Erneut handelt es sich hierbei um eine Auswahl von Messungen, welche für das in dieser Arbeit vorgestellte Emissionsmodell besonders wichtig sind. Für eine ausführliche Beschreibung aller in [46] beschriebenen Messungen sei erneut auf ebendiese Quelle verwiesen.

6.1 Leistungsfähigkeit der schnellen Stickoxid-Messtechnik

Zunächst ist zu untersuchen, ob das verwendete Messgerät CLD500 von Cambustion die vom Hersteller angegebene und bereits in Kapitel 0 erwähnte Ansprechzeit von 2 ms [49] tatsächlich realisieren kann, da dies die wichtigste Voraussetzung für eine sinnvolle Analyse von transienten Emissionen darstellt. Um die Ansprechzeit beurteilen zu können ist ein möglichst eindeutiger Eingangssignalverlauf wünschenswert. Aus diesem Grund wurde ein Motorstart aus einer Schubphase untersucht, da für diesen Fall in der Schubphase zunächst nur äußerst geringe NO-Emissionen zu erwarten sind, während anschließend mit Beginn der Verbrennung ein plötzlicher Anstieg der NO-Emissionen zu verzeichnen sein sollte. Der Motorstart erfolgte von der Schubphase (0 bar p_{mi}) auf 7 bar p_{mi} Last bei 1000 min^{-1}.

Die Messergebnisse der Untersuchung sind in **Abbildung 6.1** dargestellt. Tatsächlich zeigt sich vor der Lastanhebung, und somit noch in der Schubphase, praktisch keine gemessene NO-Konzentration durch das schnelle CLD Messgerät. Die erste Verbrennung nach der Schubphase findet in Zylinder 1 statt. Die Messsonde des schnellen CLD detektiert den ersten Anstieg der NO-Konzentration bereits 8 ms (entspricht 48°KW bei 1000 min^{-1}) nach dem Öffnen des Auslassventiles von Zylinder 1 und das, obwohl die Sonde im Auslasskanal des benachbarten Zylinders 2 verbaut war. Anschließend zeigt das Signal der gemessenen NO-Konzentration noch einige Schwingungen, welche sich durch den Ausstoß der weiteren Zylinder bzw. sich hieraus einstellende Strömungen im Auslasskanal des zweiten Zylinders ergeben.

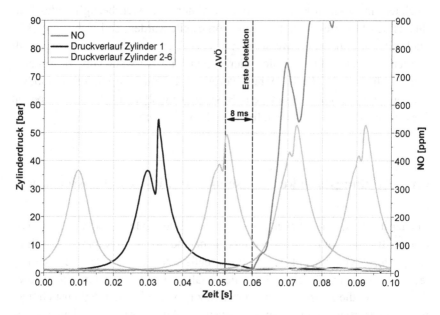

Abbildung 6.1:   Motorstart aus Schubphase, 1000 min^{-1}, 0...7 bar p_{mi} nach [46]

Eine exakte Aussage bezogen auf die Ansprechzeit des CLD500 lässt sich aus der Messung nicht ableiten, da hierfür Zylinder 2 die erste Verbrennung nach der Schubphase zeigen müsste. Ein präzises Steuern des Motors auf einen spezifischen Zylinder für die erste Verbrennung nach der Schubphase war jedoch nicht möglich, weshalb keine weiteren Versuche diesbezüglich unternommen wurden. Die Ansprechzeit auf NO-Emissionen eines benachbarten Zylinders, welche durch den Versuch analysiert werden konnten, liegen allerdings in der gleichen Größenordnung wie die vom Hersteller genannte minimale Ansprechzeit, weshalb dessen Angaben, auch für die konkrete Verwendung in dieser Arbeit, realistisch erscheinen.

6.2 Einfluss des transienten Temperaturniveaus des Motors

Bereits in Kapitel 5 wurde der Einfluss der Motortemperatur auf die Stickstoffmonoxidemissionen stationär untersucht. Dieser Effekt soll nun auch transient untersucht werden. Hierfür wurden einige speziell ausgelegte Untersuchungen durchgeführt, welche den Zweck hatten, den thermischen Einfluss auf die NO-Emissionen möglichst isoliert zu betrachten.

6.2.1 Lastsprung bei 850 min^{-1}

Um transiente thermische Effekte zu untersuchen bietet es sich an Lastsprünge durchzuführen. Diese liefern realistischere Randbedingungen als reine Veränderungen bei der Konditionierung der Kühlmittel- und Öltemperatur wie sie für die stationären Versuche in Kapitel 5 durchgeführt wurden. Der Unterschied im Temperaturniveau des Motors ergibt sich bei solchen Lastsprüngen aus dem veränderten Wärmegleichgewicht bei geänderten Lasten und ggf. Drehzahlen. Eine solche Veränderung des Temperaturniveaus wird sich in gleicher Weise auch im regulären Motorbetrieb ergeben. Problematisch bei Lastsprüngen zur Variation des Motortemperaturniveaus ist jedoch das Konstanthalten möglichst vieler der restlichen Randbedingungen. Für einen Lastsprung bei konstanter Drehzahl besteht ein mögliches Vorgehen beispielsweise darin die Last über eine Anpassung der Kraftstoffmenge der Haupteinspritzung anzupassen, die restliche Einspritzstrategie jedoch konstant zu halten. Werden zusätzlich die restlichen Steller am Motor (z. B. AGR-Klappe, Drallklappe, Ladeluftkühlung, Kühlung usw.) konstant gehalten, so ist der Einfluss des geänderten Temperaturniveaus auf die NO-Emissionen bereits recht gut isoliert.

Eine Schwierigkeit ergibt sich jedoch beim Ladedruck. Selbst bei konstanter Stellung der variablen Turbinengeometrie (VTG) wird sich aufgrund des veränderten Energieangebots an der Turbine ein anderer Ladedruck am Verdichter einstellen. Um diesen Effekt zu minimieren wurde deshalb zunächst ein Lastsprung bei 850 min^{-1} gewählt, da der Turbolader bei einer solch niedrigen Drehzahl bedingt durch die sehr geringen Massenströme kaum Ladedruck aufbauen kann. Zusätzliche wurde die VTG auf 50 % eingestellt und festgehalten, während das AGR-Ventil geschlossen war und die Ladelufttemperatur konstant gehalten wurde. Die gemessenen Verläufe für Lade- und Abgasgegendruck sowie für die NO-Konzentration im Abgas sind in **Abbildung 6.2** dargestellt. Es zeigt sich, dass nach dem Lastsprung sehr schnell ein beinahe konstanter Betriebszustand erreicht wird. Trotzdem steigt die NO-Konzentration nach dem Lastsprung kontinuierlich an, während der Ladedruck nur noch um wenige Millibar steigt.

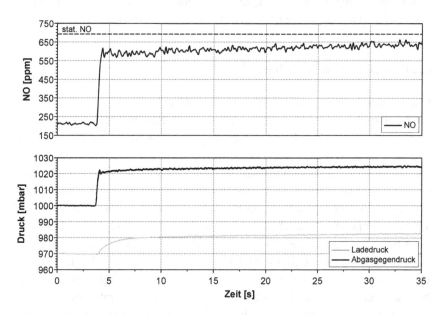

Abbildung 6.2: NO-Emissionen, Lade- und Abgasgegendruck, Lastsprung bei 850 min^{-1}, 0...7 bar p_{mi} [46]

An dieser Stelle sei gleich noch eine alternative Darstellung der Messdaten aus **Abbildung 6.2**, welche in [46] verwendet wurde, eingeführt. In **Abbildung 6.3** sind die Messdaten in der alternativen Darstellung als NO-Konzentration über Lambda, Lambda über Ladedruck und NO-Konzentration über Ladedruck dargestellt. Durch diese Darstellung geht zwar die Information über den zeitlichen Verlauf des Lastsprunges verloren, dafür lässt sich im linken Diagramm jedoch erkennen, dass die NO-Konzentration nach Erreichen des niedrigsten Lambda-Wertes noch weiter steigt. Aus der Projektion der y-Achse aus dem linken Diagramm zusammen mit der Projektion der x-Achse aus dem unteren Diagramm ergibt sich im oberen rechten Diagramm eine Darstellung, in welcher der weitere Anstieg der NO-Konzentration bei marginalem Ladedruckaufbau von 4 mbar erkennbar wird. Im unteren Diagramm ist zusätzlich zu erkennen, dass der insgesamt sehr geringe Ladedruckaufbau kaum Einfluss auf das vorherrschende Lambda hat und somit für die Stickoxidbildung kaum relevant ist. Mittels der Darstellung in **Abbildung 6.3** sind somit alle relevanten Informationen über das Verhalten der NO-Konzentrationen für einen Lastsprung in Bezug auf den Ladedruck in einer Darstellung vereint. Es zeigt sich in dieser Darstellung noch deutlicher, dass der weitere Anstieg der NO-Konzentration (zu ca. 80 ppm im oberen rechten Diagramm bestimmt) auf das Einstellen eines neuen thermischen Gleichgewichts zurückzuführen sein muss.

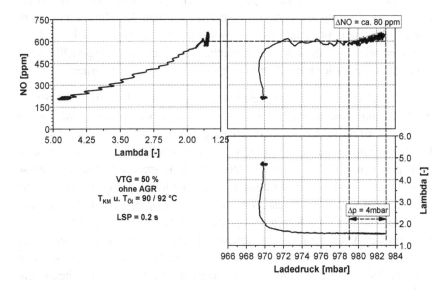

Abbildung 6.3: NO-Emissionen, Ladedruck und Lambda, Lastsprung bei 850 min^{-1}, 0...7 bar p_{mi} [46]

In [46] sind weitere transiente Messungen bei unterschiedlichen Temperaturniveaus des Motors beschrieben. Bei diesen Messungen zeigte sich eine Abhängigkeit der Veränderung der NO-Konzentration nach dem Lastsprung von dem Temperaturniveau vor dem Lastsprung. So konnte z. B. für eine kältere Ausgangstemperatur vor dem Lastsprung ein deutlich stärkerer An-

stieg der NO-Konzentration nach dem Lastsprung bei beinahe konstanten
Randbedingungen festgestellt werden.

6.2.2 Vergleich transienter Messungen mit stationären Ersatzpunkten

Eine weitere Möglichkeit zur Untersuchung des thermischen Effekts auf die
Stickoxidbildung stellt der Vergleich von transienten Messungen mit stationär gemessenen Ersatzpunkten dar. Werden für die stationären Ersatzpunkte
alle Stellgrößen am Motor auf die Werte der transienten Messung zu spezifischen Zeitpunkten eingestellt, so ergibt sich der einzige Unterschied zwischen den stationären Ersatzpunkten und den spezifischen Zeitpunkten der
transienten Messungen aus dem thermischen Zustand des Motors. Für spezifische Zeitpunkte aus den transienten Messungen kurz genug nach den Lastsprüngen wird sich noch kein thermisches Gleichgewicht eingestellt haben,
während dies für die stationären Ersatzpunkte zwangsläufig vorliegt.

Beispielhaft sei hier eine transiente Lastabsenkung von 7 bar p_{mi} auf 1 bar p_{mi}
bei 1700 min^{-1} beschrieben. Innerhalb von ca. 2 Arbeitsspielen wurde hierfür
die Kraftstoffmasse der Haupteinspritzung von 17,5 mg auf 2,4 mg reduziert.
Die restlichen Steller (Einspritzstrategie, VTG-Stellung, usw.) wurden konstant gehalten. AGR war für den Versuch nicht appliziert. Messergebnisse
dieses Versuchs sind in **Abbildung 6.4** dargestellt. Die Lastabsenkung findet
bei ca. 0,04 s statt und resultiert in einem entsprechenden Anstieg des
λ-Wertes von 2,6 auf 9,8, wie dem oberen Diagramm zu entnehmen ist. Dort
ist auch der Abfall des Zylinderdruckes durch die Reduzierung der eingespritzten Kraftstoffmasse sowie, auf längere Zeit gesehen, des abfallenden
Ladedrucks zu erkennen. Im unteren Diagramm sind der entsprechende La-
dedruckverlauf sowie die gemessenen NO-Konzentrationen dargestellt.
Durch entsprechende Korrektur des zeitlichen Versatzes der Signale lässt
sich erkennen, dass unmittelbar nach Beginn der Lastabsenkung die gemessene NO-Konzentration zu sinken beginnt, während sich der Ladedruck langsam abbaut. Interessant ist nun der Vergleich zu den stationär bei identischen
Bedingungen gemessenen NO-Konzentrationen. Die Randbedingungen wurden dabei, bis auf den thermischen Zustand des Motors, identisch zu den
jeweiligen momentanen Werten der transienten Lastabsenkung eingestellt. Es
zeigen sich für die stationären Nachmessungen stets niedrigere Stickstoffmo-

noxidkonzentrationen als für die transiente Messung. Erst etliche Sekunden nach dem Lastsprung (bei Sekunde 27,62 im rechten Teil des unteren Diagramms) liegen stationärer Messpunkt und transiente Messung auf einem Niveau. Da der einzige Unterschied zwischen stationärer und transienter Messung im thermischen Zustand des Motors zu finden ist, liefert dieser Versuch einen weiteren starken Hinweis darauf, dass instationäre thermische Effekte einen wichtigen Einfluss auf die transienten NO-Emissionen haben.

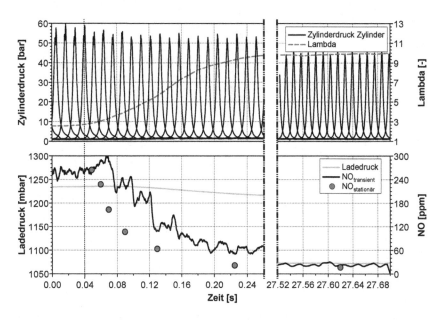

Abbildung 6.4: Lastabsenkung bei 1700 min^{-1}, 7...1 bar p_{mi} [46]

7 Modellerweiterung

Ziel dieser Arbeit ist die Entwicklung eines Emissionsmodells, welches die Simulation der Stickstoffmonoxidemissionen eines Dieselmotors bei instationären Vorgängen ermöglicht. Die Grundlage bildet, wie in Kapitel 3.2 angesprochen, das Emissionsmodell nach Kožuch, welches von den untersuchten Emissionsmodellen das größte Potenzial zeigt. Für die Simulation von instationären Vorgängen musste das Modell dennoch erweitert werden. In den folgenden Abschnitten werden die entwickelten Erweiterungen vorgestellt. Zunächst erfolgt hierzu jeweils die Identifizierung und Untersuchung einer Schwachstelle des Emissionsmodells nach Kožuch, welche für die instationäre Emissionsmodellierung relevant ist. Anschließend wird die implementierte Lösung vorgestellt. Im nächsten Kapitel erfolgen dann die Validierung des erweiterten Emissionsmodells sowie ein Vergleich mit dem Modell nach Kožuch.

7.1 Wandtemperatureinfluss

Bei der Auswertung der Messdaten wurde bereits in Kapitel 5 und Kapitel 6.2 gezeigt, dass es einen signifikanten Einfluss der Brennraumwandtemperaturen auf die Stickoxidemissionen gibt. Lastsprünge, die speziell ausgewählt waren um eine möglichst große Zahl an Motorbetriebsparametern so konstant wie technisch möglich zu halten, zeigten mit der Motorerwärmung bzw. -abkühlung eine deutliche Änderung in den Stickoxidemissionen. Dieser Effekt der Brennraumwandtemperatur konnte nicht alleine durch Quereinflüsse, wie z. B. Verschiebung der Schwerpunktlage, geänderte Verbrennungsdauer, unterschiedliche Lambdawerte oder dergleichen, erklärt werden, so dass ein direkter Einfluss der Brennraumwandtemperatur auf die Stickoxidemissionen postuliert wird.

Das Emissionsmodell nach Kožuch hat keinerlei direkte Berücksichtigung des Einflusses der Brennraumwandtemperatur auf die NO-Emissionen integriert. Es reagiert jedoch, genauso wie alle anderen verwendeten Simulati-

onsmodelle, indirekt auf die mit der Temperatur veränderten Randbedingungen. Um die verschiedenen Einflüsse der Brennraumwandtemperatur auf die
Emissionssimulation voneinander trennen zu können und damit auch eindeutig zwischen einem direkten Einfluss und einem Einfluss über Randbedingungen unterscheiden zu können ist zunächst eine grundlegende theoretische
Analyse angebracht.

Die Brennraumwandtemperaturen haben über eine Vielzahl von Wirkungswegen Einfluss auf die Ergebnisse einer Simulationsrechnung. Die meisten
dieser Einflüsse wirken sich auch auf die simulierten Emissionen aus. Simulativ wurden in dieser Arbeit die in **Abbildung 7.1** aufgezeigten Wirkungswege der Brennraumwandtemperatur auf die Stickoxidemissionen untersucht.

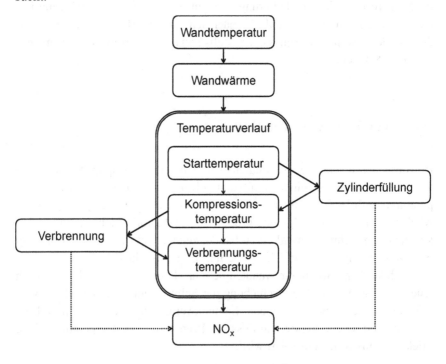

Abbildung 7.1:   Wirkungswege des Wandtemperatureinflusses

Die Wandwärmeverluste werden unmittelbar durch die Brennraumwandtemperatur als Grundlage der treibenden Temperaturdifferenz beeinflusst. Der

zusätzliche Einfluss der Brennraumwandtemperatur auf den Wärmeübergangskoeffizienten ist gering[1] und kann deshalb vernachlässigt werden. Dieser Einfluss auf die Wandwärmeverluste ist der Ausgangspunkt für die nachfolgend beschriebenen Effekte, da eine Beeinflussung des Zustandes im Zylinder nur über den Umweg über die Wandwärme möglich ist.

Die Starttemperatur der Hochdruckphase wird während des Ladungswechsels über die Brennraumwandtemperatur beeinflusst und stellt die erste Stufe in der Beeinflussung des Temperaturverlaufs im Zylinder dar. Diese Beeinflussung der Gastemperatur beim Schließen der Einlassventile erfolgt über geänderte Wandwärmeverluste während der Ansaugphase.

Die Zylinderfüllung hängt sehr eng mit der Starttemperatur der Hochdruckphase zusammen, da eine Änderung des Temperaturniveaus beim Schließen der Einlassventile über die Gasdichte auch immer direkt auf die Masse im Zylinder zurückwirkt.

Die Kompressionsendtemperatur hängt primär von der Gastemperatur beim Schließen der Einlassventile ab. Allerdings wirken die Wandwärmeverluste auch während der Kompression, so dass die Wandtemperaturen über die Wandwärmeverluste und die Zylinderfüllung über eine geänderte Wärmekapazität ebenfalls einen Einfluss auf die Kompressionsendtemperatur hat.

Die Verbrennung wird von der Kompressionsendtemperatur über den Zündverzug und die Brenndauer beeinflusst. Ein geändertes Temperaturniveau vor der Verbrennung hat direkten Einfluss auf die Aufbereitung des Kraftstoffes und somit auf den Zündverzug sowie die Aufteilung in Premixed- und Diffusionsverbrennung.

Die Verbrennungsendtemperatur wird direkt vom Temperaturniveau vor der Verbrennung, also der Kompressionsendtemperatur, beeinflusst. Zusätzlich wirkt die Verbrennung über Verbrennungsbeginn, Verbrennungsende sowie der Aufteilung auf Premixed- und Diffusionsverbrennung direkt auf den

---

[1] Bei dem im Folgenden beschriebenen Betriebspunkt reduzieren sich durch eine Wandtemperaturerhöhung um ca. 40 K die Wandwärmeverluste um ca. 7% während der Wärmeübergangskoeffizient nur um ca. 0,4% ansteigt. Der verwendete Berechnungsansatz für Wärmeübergangskoeffizienten nach Woschni enthielt ursprünglich gar keine Berücksichtigung der Wandtemperatur, welcher erst durch eine spätere Erweiterung integriert wurde [71].

Temperaturverlauf während der Verbrennung und die sich einstellende Temperatur nach der Verbrennung. Außerdem werden während der Verbrennung die höchsten Temperaturen im Brennraum erreicht und somit auch die meiste Wandwärme abgeführt, so dass auch hier die Brennraumwandtemperatur einen direkten Einfluss hat. Allerdings liegt durch die Verbrennung das Temperaturdelta derart hoch, dass die Wandwärmeverluste durch die Brennraumwandtemperatur nur bis zu einem gewissen Grad beeinfluss werden können.

Die Stickoxidemissionen hängen zum überwiegenden Teil vom Temperaturverlauf im Zylinder ab. Nur über den schwächeren Einfluss der Sauerstoffkonzentration können auch die Zylinderfüllung und die Verbrennung unmittelbaren Einfluss auf die Stickoxidemissionen nehmen. Die Zylinderfüllung wird nur bei global beinahe stöchiometrischen oder noch fetteren Bedingungen direkt wirken. Bei solchen Randbedingungen kann eine Reduzierung der Zylinderfüllung zu einem (verstärkten) Sauerstoffmangel führen, so dass in lokal fetten Bereichen die Stickoxidbildung direkt beeinträchtigt wird. Die Verbrennung kann ebenfalls über die Bildung von lokal fetten Bereichen, in denen die Temperatur und die Sauerstoffkonzentration niedriger ausfallen einen unmittelbaren Einfluss auf die Stickoxidbildung haben.

Simulativ lassen sich einige der Wirkungswege der Beeinflussung der Stickoxidemissionen durch die Brennraumwandtemperatur gezielt untersuchen. Der Vorteil der simulativen Untersuchung liegt in der Möglichkeit einzelne Untermodelle bzw. die Einflüsse der Brennraumwandtemperatur auf diese einfach abschalten und somit die einzelnen Wirkungswege trennen zu können. Als Basis der Untersuchung dienen die Betriebspunkte aus den Messungen der Kühlmittel- und Öltemperaturvariation mit der kältesten und wärmsten Kombination dieser beiden Größen (siehe Kapitel 5) in einer modifizierten Form. Für die Analyse des Brennraumwandtemperatureinflusses wurde bei der Simulation auf die Voreinspritzungen verzichtet und die Haupteinspritzung entsprechend angepasst. Auf diese Weise ist die Auswertung des Einflusses der Verbrennung einfacher möglich und liefert belastbarere Ergebnisse. Dadurch ist die direkte Vergleichbarkeit mit der Messung zwar nicht mehr gegeben, da das Ziel dieser Untersuchung jedoch nur eine qualitative Abschätzung der einzelnen Einflüsse gegeneinander ist, spielt dies keine Rolle. Die Randbedingungen des untersuchten Betriebspunktes sind in **Tabelle 7.1** zusammengefasst.

Ausgehend von diesem Betriebspunkt als Basis wurden folgende Wirkungswege der Brennraumwandtemperatur auf die Stickoxidemissionen untersucht:

■ Wandwärmeverluste

■ Starttemperatur und Zylinderfüllung

■ Verbrennung

Tabelle 7.1: Randbedingungen des Basisbetriebspunktes

Parameter	Wert
Drehzahl	$850\ min^{-1}$
ind. Mitteldruck	3,0 bar
Luftverhältnis	4,3
AGR-Rate	1,9 %

Hierzu wurde in mehreren Schritten die Simulation der Wandwärmeverluste deaktiviert, der Einfluss der Brennraumwandtemperatur auf die Startbedingungen beim Schließen der Einlassventile berücksichtigt sowie die Simulation der Verbrennung durch die Vorgabe eines festen Brennverlaufs ersetzt. Die Ergebnisse der Simulationen sind in **Abbildung 7.2** zusammengefasst. Dargestellt sind die jeweilige Abweichung der Stickoxidemissionen der verschiedenen untersuchten Varianten in Prozent, bezogen auf den Basisbetriebspunkt.

Die erste Variante (V in **Abbildung 7.2**) ersetzt lediglich die Simulation der Verbrennung durch den Import des simulierten Brennverlaufs des Basisbetriebspunktes. Idealerweise sollte hierbei eine Abweichung von 0 % herauskommen, da lediglich die Berechnung der Verbrennung des Basisbetriebspunktes durch den Import des Brennverlaufs eben dieses Betriebspunktes ersetzt wird. Aufgrund von numerischen Ungenauigkeiten ergibt sich trotzdem eine Abweichung von weniger als 1 %. Diese Abweichung ist somit als Grenze der Genauigkeit der folgenden Betrachtungen anzusehen.

Bei der zweiten Variante (T in **Abbildung 7.2**) wurde in der Simulation des Hochdruckteils nachträglich die Brennraumwandtemperatur auf den maximalen Wert aus den Messungen der Kühlmittel- und Öltemperaturvariation gesetzt. Auf diese Weise bleibt der Einfluss der Brennraumwandtemperatur auf die Startbedingungen beim Schließen der Einlassventile (Starttemperatur und Zylinderfüllung) unberücksichtigt während die restlichen Wirkungswege aus **Abbildung 7.1** wirksam bleiben. Bei dieser Variante entsteht eine Abweichung zum Basisbetriebspunkt von 27 %.

Die dritte Variante (V+T in **Abbildung 7.2**) beinhaltet die Änderungen der ersten beiden Varianten. Es wurde sowohl der Brennverlauf des Basisbetriebspunktes importiert als auch die Brennraumwandtemperatur nachträglich auf den maximalen Wert gesetzt. Hierdurch tritt eine Abweichung von 8 % auf.

Für die vierte Variante (1D+T in **Abbildung 7.2**) wurde die Brennraumwandtemperatur nicht nur nachträglich für den Hochdruckteil der Simulation, sondern bereits während der Strömungssimulation erhöht, sodass ihr Einfluss auf die Starttemperatur beim Schließen der Einlassventile und die Zylinderfüllung berücksichtigt wird. Bei dieser Variante entsteht eine Abweichung vom Basisbetriebspunkt von 93 %.

Variante 5 (1D+V+T in **Abbildung 7.2**) unterscheidet sich von der vorherigen Variante nur durch den Import des Brennverlaufs anstelle seiner Berechnung. Die Abweichung ändert sich hierdurch auf 40 %.

Die sechste Variante (V-W in **Abbildung 7.2**) importiert den Brennverlauf des Basisbetriebspunktes, berücksichtigt jedoch keine Wandwärmeverluste. Auf diese Weise entsteht eine Abweichung der Stickoxidemissionen von 63 %.

Bei der siebten Variante (V+T-W in **Abbildung 7.2**) wurde zusätzlich zur vorhergehenden Variante die Wandtemperatur nachträglich für den Hochdruckteil der Simulation erhöht. Da jedoch der Brennverlauf nach wie vor importiert wird und auch die Wandwärmeverluste weiterhin nicht berücksichtigt werden ändert sich die Abweichung vom Basisbetriebspunkt nicht, sondern bleibt bei 63 %.

Für die achte und letzte Variante (1D+V+T-W in **Abbildung 7.2**) wurde die Brennraumwandtemperatur wiederum bereits während der Strömungssimulation erhöht und somit ihr Einfluss auf die Startbedingungen beim Schließen der Einlassventile berücksichtigt. Außerdem wurden der Brennverlauf importiert und die Wandwärmeverluste ignoriert. Hierdurch ergibt sich eine Abweichung von 119 % bezogen auf den Basisbetriebspunkt.

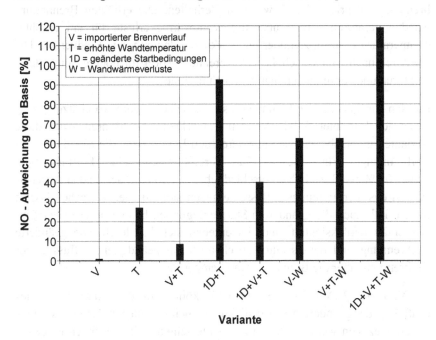

Abbildung 7.2: Simulative Untersuchung des Brennraumwandtemperatureinflusses

Aus den simulierten Varianten lassen sich nun durch passende Verrechnung die einzelnen Einflüsse abschätzen. Hierzu müssen nur die Differenzen zwischen zwei Varianten, die sich nur durch eine Änderung unterscheiden, berechnet werden. Dies lässt sich auch an den Namen der Varianten erkennen. Variante 3 (V+T) und Variante 2 (T) unterscheiden sich nur in Bezug auf die Verbrennung. Bei Variante 3 (V+T) wird der Brennverlauf importiert, welcher somit nicht von der erhöhten Brennraumwandtemperatur beeinflusst wird, während bei Variante 2 (T) die Verbrennung simuliert wird und somit auf die erhöhte Brennraumwandtemperatur reagiert. Die Differenz dieser

beiden Varianten (V+T) - (T) = (V) ergibt eine Abschätzung des Einflusses
der Verbrennung. Als konkreter Wert ergibt sich für diesen Fall
8 % - 27 % = -19 % als Einfluss des Imports des Brennverlaufs. Dementsprechend hat die Verbrennung einen Einfluss von 19 % auf die Stickoxidemissionen bei erhöhter Brennraumwandtemperatur. Eine Erhöhung der
Stickoxidemissionen bei erhöhter Wandtemperatur und Simulation der Verbrennung entspricht dem erwarteten Verhalten. Die erhöhten Brennraumwandtemperaturen sorgen über die Wandwärmeverluste für ein erhöhtes
Temperaturniveau im Zylinder und verkürzen dadurch den Zündverzug. Die
hierdurch nach früh verschobene Verbrennung sorgt für höhere Spitzentem-
peraturen und somit auch höheren NO-Emissionen.

Für den Einfluss der Verbrennung lässt sich eine weitere Abschätzung zwischen den Varianten 5 (1D+V+T) und 4 (1D+T) durchführen. Auch diese
Varianten unterscheiden sich nur durch den Import bzw. die Simulation der
Verbrennung. Für diesen Fall ergibt sich ein Einfluss von
40 % - 93 % = -53 %. Die unterschiedlichen Ergebnisse der beiden Abschät-
zungen des Verbrennungseinflusses ergeben sich aus der Tatsache, dass in
diesem Fall auch die geänderten Startbedingungen beim Schließen der Einlassventile berücksichtigt sind. Es ergeben sich hierdurch eine geänderte
Verbrennung und daraus automatisch auch ein geänderter Einfluss dieser
Verbrennung über die Brennraumwandtemperatur.

Die Varianten 3 (V+T) und 5 (1D+V+T) können für eine Abschätzung des
Einflusses der geänderten Startbedingungen beim Schließen der Einlassventile herangezogen werden. Der einzige Unterschied zwischen ihnen ist genau
diese Berücksichtigung. Die Differenz ergibt 40 % - 8 % = 32 % als Einfluss
der geänderten Startbedingungen beim Schließen der Einlassventile auf die
NO-Emissionen über die Brennraumwandtemperatur. Höhere Stickoxidemissionen durch die Berücksichtigung der Startbedingungen stimmen mit der
Erwartung überein. Durch die höheren Wandtemperaturen während der Ansaugphase erreicht die Zylinderfüllung ein höheres Temperaturniveau bereits
beim Schließen der Einlassventile, welches sich durch das gesamte Arbeitsspiel erhält und schließlich zu höheren NO-Emissionen führt.

Als letzte Abschätzung lässt sich zwischen Variante 3 (V+T) und 7 (V+T-W)
der Einfluss der Wandwärmeverluste untersuchen. Die beiden Varianten
unterscheiden sich nur durch die Berücksichtigung der Wandwärmeverluste.

Die Differenz berechnet sich zu 8 % - 63 % = -55 % Einfluss der Wandwär-meverluste über die Brennraumwandtemperatur. Eine ähnliche Abschätzung ließe sich auch zwischen Variante 5 (1D+V+T) und 8 (1D+V+T-W) durch-führen, wobei sich ein etwas anderer Wert ergibt. Dies liegt, wie schon bei dem Verbrennungseinfluss am Quereinfluss der Berücksichtigung der Start-bedingungen beim Schließen der Einlassventile. Auf jeden Fall hat die Be-rücksichtigung der Wandwärmeverluste eine Reduktion der NO-Emissionen zur Folge. Dies erfüllt die Erwartungen, da dem Brennraum durch die Wandwärmeverluste Energie entzogen wird, wodurch sich ein niedrigeres Temperaturniveau und damit auch niedrigere Stickoxidemissionen einstellen.

Die vorangegangenen Untersuchungen haben gezeigt, dass die verschiedenen Modelle in der Simulation die richtigen Tendenzen bei Veränderung der Brennraumwandtemperaturen in Bezug auf die Stickoxidemissionen zeigen. Werden nun die Kühlmittel- und Öltemperaturvariation aus Kapitel 5, welche zur Untersuchung des Brennraumwandtemperatureinflusses auf die Stickoxi-demissionen durchgeführt wurden, nachsimuliert, so wird sich zeigen, ob dies bereits ausreicht um das gemessene Verhalten abzubilden oder ob, wie postuliert, noch ein bisher nicht berücksichtigter direkter Einfluss in das NO-Modell integriert werden muss. Bei den Kühlmittel- und Öltemperatur-variationen wurde, wie bereits in Kapitel 5 beschrieben, für einen Betriebs-punkt bei 850 min[-1] und 3 bar indizierten Mitteldruck die Kühlmitteltempera-tur zwischen ca. 35 °C und 80 °C sowie die Öltemperatur zwischen ca. 35 °C und 85 °C variiert. Die Einspritzung, Stellungen der Drall- und Drosselklap-pe sowie des AGR-Ventils wurden dabei konstant gehalten, wobei die AGR-Kühlung nicht aktiv war. Weitere Randbedingungen der Variation sind in **Tabelle 7.2** aufgeführt.

Tabelle 7.2: Randbedingungen der Kühlmittel- und Öltemperaturvariationen

Parameter	Wert
Drehzahl	850 min[-1]
ind. Mitteldruck	3 bar
Luftverhältnis	3,8...4,0
AGR-Rate	~0 %

Um den Einfluss der Kühlmittel- und Öltemperatur auf die Brennraumwandtemperatur abbilden zu können und später auch transiente Brennraumwandtemperaturen simulieren zu können wurde das Strömungsmodell in GT-
Power um ein dort verfügbares FE-Wandtemperaturmodell ergänzt. Dieses
ermöglicht die thermische Modellierung der Brennraumwände unter Vorgabe
der gemessenen Kühlmittel- und Öltemperatur. Die Bedatung der notwendigen Wärmeübergangskoeffizienten erfolgte mittels Erfahrungswerten in Abhängigkeit von der Drehzahl. Die wenigen ebenfalls benötigten stark vereinfachten geometrischen Größen für Zylinderkopf, Kolben, Zylinder und
Ventile konnten analog zur Bedatung des Strömungsmodells gewählt werden.

Abbildung 7.3 zeigt die vom FE-Wandtemperaturmodell berechneten
Brennraumwandtemperatur der Laufbuchse für die Simulation der Kühlmit-
tel- und Öltemperaturvariation. Da bei den Messungen am Motorprüfstand
keine Oberflächentemperaturmessung im Brennraum durchgeführt wurde
und eine solche generell sehr schwierig durchzuführen und auch zu interpre-
tieren ist, weil sie immer nur lokale Werte liefert, ist kein Vergleich der simulierten mit den tatsächlichen Brennraumwandtemperaturen möglich. Allerdings ist für die 1D-Simulation der NO-Emissionen auch kein detailliertes
Temperaturfeld für die Brennraumwände notwendig. Es ist in diesem Fall
ausreichend die Brennraumwandtemperatur in der richtigen Größenordnung
abzubilden, auf geänderte Randbedingungen wie z. B. die Kühlmittel- und
Öltemperatur richtig zu reagieren, bzw. für transiente Simulationen auch den
zeitlichen Verlauf qualitativ richtig widerzugeben. Dies ist mit dem gewählten Ansatz möglich und wie **Abbildung 7.3** zeigt auch gelungen, da sich die
erwartete Abhängigkeit der Oberflächentemperatur von der Kühlmittel- und
Öltemperatur zeigt, wobei der Einfluss der Kühlmitteltemperatur wie in der
Realität überwiegt.

Abbildung 7.4 zeigt für die Kühlmittel- und Öltemperaturvariation den Vergleich der Messung mit der Simulation inklusive der mittleren Brennraumwandtemperatur. Das Emissionsmodell nach Kožuch wurde für diese Simulation mittels eines gemeinsamen Parametersatzes auf die gemessenen
NO-Werte abgestimmt. Die Ergebnisse zeigen, dass das Emissionsmodell
nach Kožuch für die einzelnen Messpunkte der Variation zwar aufgrund der
bereits erklärten Einflüsse unterschiedliche Stickoxidemissionen simuliert,
den überlagerten Trend der klar steigenden NO-Werte für steigende Brenn-

raumwandtemperaturen allerdings nicht bzw. nur viel zu schwach wiedergeben kann.

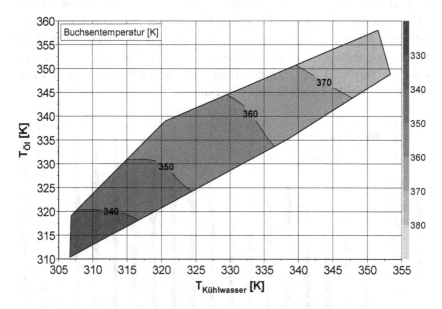

Abbildung 7.3: Kühlmittel- und Öltemperaturvariation - Buchsentemperatur

Somit bestätigt sich die Annahme, dass zusätzlich zu den bereits beschriebenen Wirkungswegen der Brennraumwandtemperatur auf die NO-Emissionen auch noch ein direkter Einfluss in das Emissionsmodell integriert werden muss. Wie bereits in **Abbildung 7.**1 dargestellt, sowie im anschließenden Abschnitt erklärt, wirkt die Brennraumwandtemperatur nur über die Wandwärme auf die Stickoxidemission ein, da nur über die Wandwärmeverluste eine direkte oder indirekte Beeinflussung des Temperaturniveaus im Brennraum möglich ist. Die neue Modellvorstellung zur Beschreibung des direkten Wandtempereinflusses baut entsprechend auf der Theorie der Wandwärmeverluste auf.

Abbildung 7.5 zeigt hierzu schematisch die Temperatur- und Strömungsgrenzschicht an der Brennraumwand wie sie zur grundlegenden Beschreibung der Wandwärmeverluste verwendet wird. Die Temperaturgrenzschicht entsteht aufgrund des Wärmestroms und sorgt für einen Temperaturgradienten zwischen der Brennraumwand und dem Gasgemisch im Zylinder. Die Wandwärme wird im Brennraum hauptsächlich mittels erzwungener Konvektion übertragen, weshalb zusätzlich eine Strömungsgrenzschicht relevant ist, die auf der Wandseite die Haftbedingung erfüllt [50]. Die beiden Grenzschichten wechselwirken somit untereinander. Für die Beschreibung der Strömungsgrenzschicht dient im Rahmen der Ähnlichkeitstheorie die dimensionslose Reynolds-Zahl, für die Temperaturgrenzschicht die Nusselt-Zahl und für die Wechselwirkung der beiden Grenzschichten die Prandtl-Zahl.

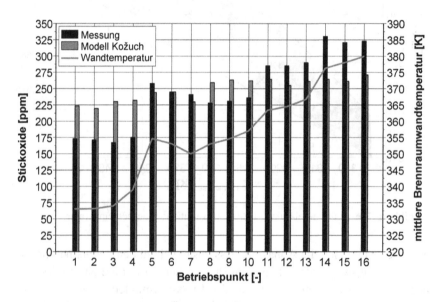

Abbildung 7.4:   Kühlmittel- und Öltemperaturvariation – Modell Kožuch

Da Emissionen beim Dieselmotor immer auch eine Konsequenz von Inhomogenitäten sind und die Theorie der Wandwärmeverluste bereits eine Temperaturgrenzschicht postuliert scheint es für die Modellierung des Einflusses der Brennraumwandtemperaturen auf die Stickoxide sinnvoll die Grenzschicht zu einer Randzone aufzuwerten. Diese Randzone liegt dabei unmittelbar an der Brennraumwand an und umschließt somit eine Kernzone des Brennraums, welche keinen direkten Kontakt mehr mit den Brennraumwänden hat. Der Temperaturverlauf innerhalb der Temperaturgrenzschicht wird dahingehend interpretiert, dass innerhalb der Randzone im Mittel eine geringere Temperatur herrscht als in der von ihr gegenüber den kühlen Brennraumwänden isolierten Kernzone. **Abbildung 7.6** zeigt eine schematische Darstellung dieser Modellvorstellung mit einer kalten Randzone und einer heißen Kernzone.

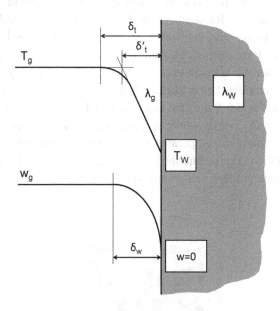

Abbildung 7.5: Temperatur- und Strömungsgrenzschicht an der Brennraumwand

Für die Simulation der Stickoxidemissionen ist jedoch nicht der gesamte Brennraum sondern nur die verbrannte Zone relevant. Aus diesem Grund wird die Aufteilung in Rand- und Kernzone auch nur für die verbrannte Zone durchgeführt, welche gemäß einer groben quasidimensionalen Modellierung entsprechend dem Anteil der Rand- bzw. Kernzone am gesamten Brennraum in diese aufgeteilt wird.

Für die Modellierung des Einflusses der Brennraumwandtemperatur auf die Stickoxidbildung sind mit dieser Vorstellung zwei unterschiedliche Varianten möglich. Die Brennraumwandtemperatur könnte die Temperatur in der Randzone beeinflussen oder die Größe der Randzone bestimmen. In der Realität hängen die Dicke einer derartigen Randzone und ihre mittlere Temperatur zwangsläufig zusammen. Eine unendlich dünne Randzone wird die Temperatur der Brennraumwand annehmen. Eine Randzone mit einer Dicke des halben Bohrungsdurchmessers wird als Temperatur die mittlere Brennraumtemperatur annehmen. Eine klare Definition einer Randzone ist in der Realität generell schwierig, da das stark inhomogene Strömungsfeld im Zylinder keine derart eindeutige Randschicht mit Dicke δ_t, wie sie in **Abbildung 7.5** für den Temperaturverlauf dargestellt ist, entstehen lässt. Somit ist jegliche Definition einer Randzonendicke zum Teil willkürlich. Im Folgenden wird die Randzone deshalb als wandnaher Bereich definiert, in dem aufgrund zu niedriger Temperaturen keine Stickoxidbildung mehr möglich ist. Dies hat den Vorteil, dass in der Randzone kein Zeldovich-Mechanismus mehr angewandt werden muss. Dieser würde aufgrund der starken Temperaturgradienten von der verbrannten Temperatur auf die Brennraumwandtemperatur und der exponentiellen Temperaturabhängigkeit der Reaktionskinetik bei Anwendung auf eine mittlere Temperatur der Randzone ohnehin falsche Ergebnisse liefern.

Abbildung 7.6:   Modellvorstellung Brennraumwandtemperatureinfluss

Für die heiße Kernzone wird die in der Simulation errechnete Temperatur der verbrannten Zone beibehalten. In dieser Zone werden also weiterhin Stickoxide gebildet. Durch die Definition einer Randzone wird die gesamte Menge an gebildetem Stickstoffmonoxid demnach reduziert. Bei der Abstimmung des erweiterten Modells muss diesem Umstand später ggf. durch eine reduzierte Zumischung und damit erhöhte Stickoxidbildung in der Kernzone Rechnung getragen werden.

Offensichtlich wird durch die feste Vorgabe einer Temperatur für die Randzone, bei gleichzeitiger Beibehaltung der Temperatur der verbrannten Zone aus dem Basismodell nach Kožuch, für die Kernzone der erste Hauptsatz der Thermodynamik verletzt. Die für die Stickoxidsimulation notwendige niedrigere Temperatur in der Randzone lässt sich sonst jedoch nicht erreichen, da eine entsprechende Erhöhung der Temperatur in der Kernzone zur Einhaltung des ersten Hauptsatzes zu einem unphysikalischen Verhalten führt. Dies hätte nämlich das gänzlich unrealistische Verhalten zur Folge, dass eine kältere Brennraumwandtemperatur mit einer größeren Randzone eine heißere Kernzone bedingen würde. Die Temperatur der Randzone sollte deshalb nur als virtuelle Temperatur für die Berechnung der NO-Bildung angesehen werden, die für die restliche Simulation der dieselmotorischen Verbrennung keine Bedeutung hat. Alternativ kann auch die Definition der Pseudo-Zone aus [51] als Gegenstück zur thermodynamischen Zone angewendet werden.

Nachdem die Temperaturen durch die Modellvorstellung vorgegeben sind, muss nun die Größe der Randzone in Abhängigkeit der Brennraumwandtemperatur festgelegt werden um den Einfluss auf die Stickoxid-Emissionen abbilden zu können. Wie in **Abbildung 7.6** dargestellt wird der Brennraum als zylindrisch angenommen und die Randzone soll die ebenfalls zylindrische Kernzone vollständig umschließen. Dies wird erreicht, indem von den drei Grenzflächen des Brennraums, entstanden durch die Begrenzung durch Zylinderkopf, Kolben und Buchse, jeweils senkrecht ein Volumen in Richtung Brennraum aufgespannt wird. Die Randzone erhält so ihre Form eines Hohlzylinders mit „Deckel" und „Boden". Somit ist die Größe der Randzone (und damit auch der Kernzone) durch die (momentane) Brennraumgröße und jeweils eine Dicke für die drei Grenzflächen vollständig beschrieben. Die Berücksichtigung von drei diskreten Dicken für die Bestimmung der Randzone wurde gewählt, da die drei begrenzenden Flächen deutlich unterschiedliche Temperaturen aufweisen können und dementsprechend auch unterschiedliche Anteile an der Größe der Randzone aufweisen sollten. Außerdem entsteht durch diese Berücksichtigung kein zusätzlicher Aufwand in der Abstimmung und Anwendung des Modells, so dass eine detaillierte Modellierung zulässig erscheint.

Die jeweilige Dicke der Randzone an den drei Grenzflächen des Brennraums muss in Relation zu der Brennraumwandtemperatur stehen um den Einfluss auf die NO-Bildung wiedergeben zu können. Zur Untersuchung dieses Zusammenhangs wurde eine erneute Simulation, mit bereits integrierter Randzone ohne NO-Bildung, der Kühlmittel- und Öltemperaturvariation durchgeführt. Im Gegensatz zu einer normalen Abstimmung wurde bei dieser Simulation jedoch die Randdicke bei fester Zumischung auf die NO-Messwerte optimiert. Zum Vergleich wurde das Modell nach Kožuch mittels einer herkömmlichen Abstimmung über die Zumischung auf die NO-Messwerte optimiert. Die Ergebnisse dieser Optimierungen sind in **Abbildung 7.7** dargestellt. Bei der Optimierung der Randdicke zeigt sich wie erwartet ein deutlicher Trend zu größeren Randdicken bei niedrigeren Brennraumwandtemperaturen. Dies passt gut zur Modellvorstellung, da niedrigere Temperaturen der Brennraumwände zu einer größeren kalten Randzone führen und darüber die gebildeten Stickoxide reduzieren. Die Optimierung der Zumischung beim Basismodell nach Kožuch zeigt demgegenüber eine steigende Zumischung mit sinkender Brennraumwandtemperatur. Die deutliche Korrelation zwischen der optimierten Zumischung beim Modell nach Kožuch und der Randdicke im erweiterten Modell zeigt, dass der gewählte Modellansatz in der Lage ist die Ergebnisse bei der Simulation von Betriebspunkten mit unterschiedlichen Brennraumwandtemperaturen mittels eines gemeinsamen Parametersatzes zu verbessern.

Um diese Verbesserung der Simulationsgüte bei der Verwendung eines gemeinsamen Parametersatzes zu erreichen bedarf es einer Bestimmung der Randzonendicke über der Brennraumwandtemperatur. Die Darstellung in **Abbildung 7.7** legt einen linearen Zusammenhang zwischen der Temperatur der Brennraumwände und der Dicke der Randzone nahe. In **Abbildung 7.8** wird jedoch deutlich, dass ein solcher linearer Zusammenhang bereits bei einer relativ geringen Wandtemperatur, von im konkreten Fall ca. 410 K, zu einer Randdicke von 0 mm führt und somit keine Beeinflussung der Stickoxidbildung bei höheren Brennraumwandtemperaturen mehr möglich wäre.

In diesem Fall ist ein erneuter Rückgriff auf die Wandwärmeverluste als Ausgangspunkt der Modellvorstellung sinnvoll. Beim Wärmeübergang zwischen Gas und Brennraumwand ist seit längerer Zeit ein Phänomen bekannt, welches mit dem französischen Namen „Convection Vive" bezeichnet wird. „Convection Vive" lässt sich mit starker Konvektion übersetzen und erklärt, warum bei sehr hohen Wandtemperaturen der Wärmestrom vom Gas in die Brennraumwand wieder ansteigt, anstatt aufgrund der sinkenden treibenden Temperaturdifferenz weiter abzufallen. Aufgefallen ist dieses Phänomen vor allem bei Untersuchungen zu möglichst wärmedichten Motoren zur Wirkungsgradsteigerung. Hierzu wurden Brennräume mit unterschiedlichen Isolationen versehen um den Wärmetransport aus dem Brennraum zu minimieren. Überraschenderweise stellte sich jedoch keine Verbesserung sondern eine Verschlechterung des Wirkungsgrades ein. Als Ursache der Verschlechterung des Wirkungsgrades wurden die Wandwärmeverluste vermutet [52]. Untersuchungen in [53] haben anschließend gezeigt, dass bei sehr hohen Wandtemperaturen die Wärmeübergangskoeffizienten steigen und sich deshalb nicht die erwarteten geringen Wärmeströme aufgrund der kleineren treibenden Temperaturdifferenz einstellen. Dieses Verhalten wurde bereits in [54] für stationäre Propanflammen nachgewiesen und wird auf eine näher an die Brennraumwand heran brennende, bzw. erst näher an der Wand verlöschende, Flamme zurückgeführt. Durch die Verbrennung nahe der Wand entsteht ein steilerer Temperaturgradient welcher einen höheren Wärmeübergangskoeffizienten zur Folge hat [53].

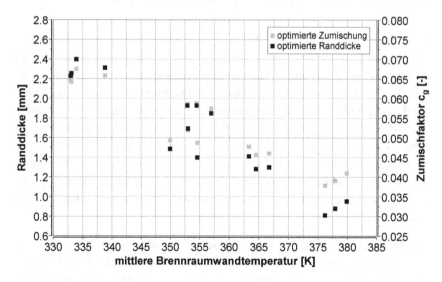

Abbildung 7.7: Optimierte Randdicke verglichen mit optimierter Zumischung

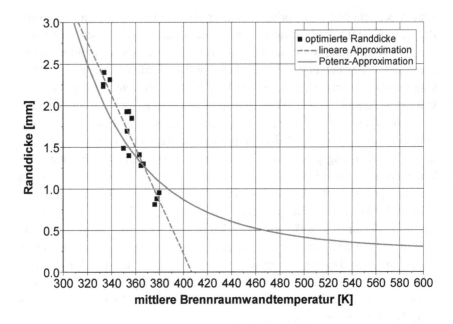

Abbildung 7.8:   Lineare und Potenz-Approximation der Randdicke

Wird diese Stabilisierung des Wärmeübergangs bei hohen Brennraumwandtemperaturen aufgrund eines erhöhten Wärmeübergangskoeffizienten berücksichtigt, scheidet ein linearer Zusammenhang zwischen der Randdicke
und der Temperatur der Brennraumwände aus. Stattdessen wird ein Zusammenhang gemäß einer Potenzfunktion angenommen. Eine solche Potenz-
Approximation trifft die optimierten Randdicken der Kühlmittel- und Öltemperaturvariation ebenfalls gut und kann zusätzlich ein langsames Ausklingen
bei höheren Brennraumwandtemperaturen abbilden. Insgesamt ergibt sich ein
Verlauf der Randdicke über der mittleren Brennraumwandtemperatur, welcher im gesamten, realistisch zu erwartenden Temperaturbereich sinnvoll
erscheint.

Für die Potenz-Approximation wurde hierbei eine allgemeine Potenzfunktion
gewählt wie sie in Gl. 7.1 beschrieben ist. Für die Konstanten F, E und C
ergeben sich für die optimierten Randdicken aus der Kühlmittel- und Öltemperaturvariation die in **Tabelle 7.3** angegebenen Werte bei einer Optimierung
auf minimale Fehlerquadrate.

$$b = F \cdot \left(\frac{T_{Wand}}{400\ K}\right)^{E} + C \qquad \text{Gl. 7.1}$$

b   Dicke der Randzone [mm]

F   Faktor der Randfunktion [mm]

T_{Wand} Wandtemperatur [K]

E   Exponent der Randfunktion [$-$]

C   Konstante der Randfunktion [mm]

Mittels dieser Approximation werden im für Brennraumwände relevanten Temperaturbereich zwischen 300 und 700 K Randdicken zwischen 0,26 und 3,5 mm berechnet. Einzig für extrem kalte Brennraumwände, z. B. während der ersten Arbeitsspiele eines Kaltstarts, kann die Randdicke noch deutlich größer werden, so dass u. U. die gesamte verbrannte Zone von der Randzone eingenommen wird und entsprechend keine Stickoxide mehr gebildet werden. Für die Dicke der thermischen Grenzschicht finden sich in der Literatur Angaben mit $\delta_T \approx 1$ mm [24] und $\delta_{th} \approx 0{,}2\text{-}8\,mm$ [55]. Damit liegen die berechneten Randdicken in der gleichen Größenordnung wie die Dicke der thermischen Grenzschicht, welche als Herleitung der Modellvorstellung verwendet wurde.

Tabelle 7.3:   Optimierte Konstanten der Potenz-Approximation

Konstante	Wert
F	0,631
E	-5,711
C	0,238

Abbildung 7.9 zeigt den Vergleich zwischen den gemessenen NO-Werten sowie den simulierten NO-Werten aus dem Basismodell nach Kožuch sowie dem erweiterten Modell. Die Modelle wurden dabei jeweils auf alle Betriebspunkte gemeinsam optimiert. Die schlechte Wiedergabe des Brennraumwandtemperatureinflusses auf die NO-Emissionen beim Basismodell

war bereits in **Abbildung 7.4** zu sehen. Das erweiterte Modell ist hingegen in der Lage den Einfluss abzubilden. Die Simulationsergebnisse des erweiterten Modells zeigen eine wesentlich bessere Übereinstimmung mit den Messwerten und folgen dem durch die Temperatur vorgegebenen Trend.

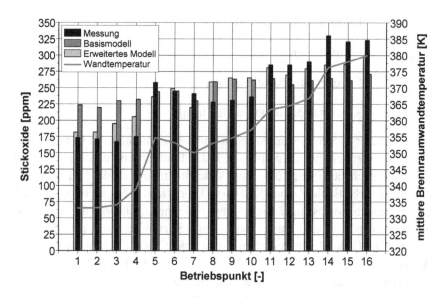

Abbildung 7.9: Kühlmittel- und Öltemperaturvariation – Vergleich der Stickoxide

7.2   Luftmangeleinfluss

Aus der Modellvorstellung des Emissionsmodells nach Kožuch kann mittels rein theoretischer Analysen eine weitere Schwachstelle identifiziert werden. Die Bestimmung der Temperatur in der verbrannten Zone wird maßgeblich von der Zumischung aus der unverbrannten Zone beeinflusst. Dieses Vorgehen wird problematisch, sobald sich das Gemisch im Brennraum der stöchiometrischen Zusammensetzung nähert. Für diesen Fall wird bereits der größte Teil der unverbrannten Masse für die stöchiometrische Verbrennung des Kraftstoffes benötigt (und für diese auch vom Verbrennungsmodell reserviert) und es bleibt nur noch eine sehr geringe Masse für die Zumischung vorhanden. Wird nun bei einem Betriebspunkt mit starker Zumischung diese restliche unverbrannte Masse vollständig verbraucht, so bricht die Zumischung aus der unverbrannten Zone in die verbrannte Zone plötzlich ab, wodurch die Temperatur in der verbrannten Zone nicht mehr korrekt modelliert wird. Tritt der Abbruch der Zumischung früh genug auf entstehen durch die höheren Temperaturen entsprechend höhere Stickoxid-Emissionen, ein Effekt der sich mit sinkenden Verbrennungsluftverhältnissen verstärkt. Dies entspricht nicht dem Verhalten in der Realität, wo für beinahe stöchiometrische Luftverhältnisse die Stickoxidemissionen wieder abnehmen, siehe **Abbildung 7.10.**

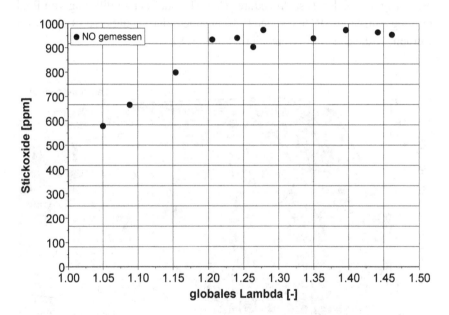

Abbildung 7.10: Stickoxidemissionen über Verbrennungsluftverhältnis

Als das Emissionsmodell nach Kožuch entwickelt wurde, stellte dies kaum eine Einschränkung dar, da Dieselmotoren nur mit deutlich magerem Gemisch betrieben wurden. Außerdem ist ein Abbruch der Zumischung für die NO-Emissionen nur relevant solange die Stickoxidbildung noch anhält, welche im dieselmotorischen Betrieb in der Regel bis spätestens 30° KW n. ZOT abgeschlossen ist (siehe auch **Abbildung 7.12** und **Abbildung 7.13**). Moderne Dieselmotoren werden jedoch deutlich näher an einer stöchiometrischen Gaszusammensetzung betrieben. Dies trifft insbesondere auf den Voll-

lastbereich bei niedrigen Drehzahlen zu. Aber auch im für den NEFZ relevanten Teillastbereich bei niedrigen Drehzahlen werden aufgrund von hohen
AGR-Raten inzwischen λ-Werte in der Nähe von 1,2 gefahren.
Abbildung 7.11 zeigt das am Versuchsmotor OM 642 gemessene λ-Kennfeld mit den beschriebenen Bereichen mit niedrigen λ-Werten. Zukünftige
Applikationen zur Einhaltung der EU6/VI-Grenzwerte werden voraussichtlich noch höhere AGR-Raten benötigen [56] und diese Problematik beim
Basismodell verschärfen. Derselbe Trend wird sich voraussichtlich bei Um-
stellung auf neue, dynamischere Testzyklen [57] wie den Worldwide harmo-
nized Light vehicles Test Procedures (WLTP) oder der Einführung von Real
Driving Emissions (RDE) zeigen [58]. Da auch hier verstärkt AGR appliziert
werden wird, selbst im Bereich der Volllast [59].

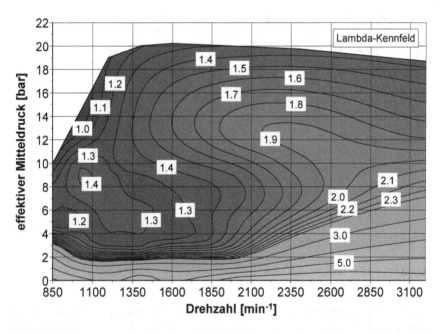

Abbildung 7.11: Gemessenes λ-Kennfeld des Versuchsmotors [46]

Die früher problematischen Rußstöße spielen heute, dank Partikelfiltern,
kaum noch eine Rolle, weshalb bei Beschleunigungsvorgängen beinahe stöchiometrische Zusammensetzungen des Gemisches verwendet werden kön-

nen, um das Ansprechverhalten des Motors zu optimieren [2]. Dies verschärft zusammen mit höheren AGR-Raten das ohnehin bestehende Problem, dass bei transienten Vorgängen aufgrund der Trägheit des Turboladers bereits fettere Bedingungen im Zylinder zustande kommen können als sie stationär appliziert wären [1], [60]. Gemeinsam mit den bereits erwähnten neuen und dynamischeren Testzyklen werden entsprechende Beschleunigungsvorgänge auch für die Zertifizierung relevant werden, so dass sich diese beiden Effekte gegenseitig verschärfen. Entsprechend ist die Modellschwäche bei niedrigen λ-Werten gerade auch für die Simulation der transienten Emissionen von entscheidender Bedeutung.

In **Abbildung 7.12** sind für ein Arbeitsspiel bei einem globalen Luftverhältnis von $\lambda = 1{,}3$ die Verläufe der Temperatur und der Konzentrationen von atomarem und molekularem Sauerstoff in der verbrannten Zone, die Masse der unverbrannten Zone sowie die Zumischung und die Stickoxidkonzentration für das Basismodell nach Kožuch dargestellt. Deutlich zu erkennen ist die abbrechende Zumischung bei 13°KW n. ZOT sowie das anschließende komplette Leerlaufen der unverbrannten Zone durch die Verbrennung. Der Abbruch der Zumischung bewirkt die bereits beschriebene fehlerhafte Modellierung der Temperatur in der verbrannten Zone, die sich im Diagramm durch einen Knick zeigt, welcher den abfallenden Verlauf deutlich verzögert. Dieser Knick findet sich auch im Verlauf der Konzentration des molekularen Sauerstoffs, welcher ebenfalls durch die Zumischung kontrolliert wird. Allerdings ist die abbrechende Zumischung in diesem Fall nicht so kritisch, da die durch Dissoziation entstehende Konzentration an atomarem Sauerstoff um ein Vielfaches unter derer des molekularen Sauerstoffs liegt (% gegenüber ppm entspricht Faktor 10000) und sich noch lange aus dem bereits zugemischten Sauerstoff speisen kann. Da der Zeldovich-Mechanismus primär von der Temperatur und der atomaren Sauerstoffkonzentration abhängt, bewirkt der verzögerte Temperaturabfall nach Abbruch der Zumischung somit einen starken Anstieg der simulierten NO-Konzentration, da er noch in der kritischen Phase der NO-Bildung stattfindet. Die Verläufe der Größen in **Abbildung 7.12** bestätigen somit die theoretisch hergeleitete Modellschwäche bei niedrigen globalen λ-Werten.

Allerdings ist der λ-Wert nicht der einzige entscheidende Faktor: auch die Höhe der Zumischung ist relevant. Dies verdeutlicht **Abbildung 7.13**, welche zwei weitere Betriebspunkte mit Luftverhältnissen von $\lambda = 1{,}3$ zeigt.

Allerdings fällt für diese Betriebspunkte die Zumischung wesentlich geringer aus, weshalb sie erst später, nach Abschluss der NO-Bildung abbricht und somit keinen Einfluss auf die berechneten NO-Emissionen hat.

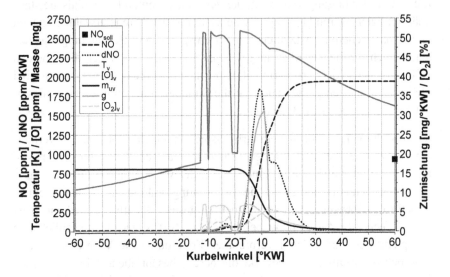

Abbildung 7.12: Arbeitsspiel mit abbrechender Zumischung[2] - 1200 min^{-1}, 14 bar p_{mi}

Da die Modellvorstellung nach Kožuch sinnvoll und zusätzlich streng phänomenologisch aufgebaut ist, erscheint es zunächst sinnvoll diese beizubehalten und die Modellierung für Bereiche mit niedrigen globalen λ-Werten anzupassen. Auf diese Weise bliebe die gute Vorhersagefähigkeit des Modells außerhalb von niedrigen globalen λ-Werten erhalten. Die Beeinflussung der Stickoxidbildung erfolgt beim Emissionsmodell nach Kožuch jedoch einzig über die Zumischung, so dass die Beibehaltung der Modellvorstellung gleichbedeutend mit einer irgendwie gearteten Optimierung der Zumischung ist.

---

[2] Im Verlauf der Größen bis kurz nach ZOT zeigen sich zwei Unstetigkeiten. Diese entstehen, da im Modell nach der Verbrennung einer Voreinspritzung eine vollständige Vermischung der entstandenen verbrannten und unverbrannten Zone erfolgt. Dies sorgt für homogene Verhältnisse vor jeder neuen Verbrennung.

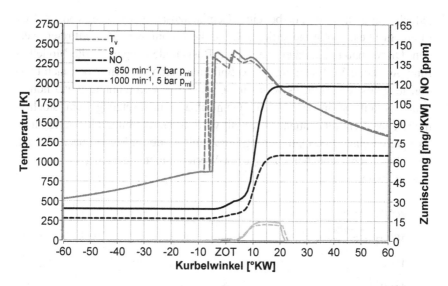

Abbildung 7.13: Betriebspunkte mit abbrechender Zumischung

Eine naheliegende Überlegung stellt die reine Anpassung des Zumischverlaufs über dem Arbeitsspiel dar, insbesondere, da die Zumischung, wie bereits gezeigt, nur bis einige °KW n. ZOT wirken muss um die Bildung der Stickoxide zu beeinflussen. Als Grenzfall der durch Optimierung der Zumischung erreichbaren Absenkung der Temperatur und damit der Stickoxidbildung kann dabei eine einzonige Verbrennung herangezogen werden. In diesem Fall wird keine eigenständige verbrannte Zone gebildet, sondern die bei der Verbrennung frei werdende Energie direkt auf die gesamte Zylinderladung verteilt. **Abbildung 7.14** zeigt für einen Betriebspunkt mit $\lambda = 1,07$ die mit einer einzonigen Rechnung simulierten Stickoxidemissionen sowie den gemessenen Wert. Die simulierten Stickoxide liegen mit 715 ppm zwar etwas unterhalb des gemessenen Wertes von 938 ppm, allerdings ist kaum noch Spielraum für eine Abstimmung von noch näher an der stöchiometrischen Zusammensetzung liegenden Betriebspunkten vorhanden, welche einerseits weniger Masse haben um die Energie zu verteilen und andererseits noch niedrigere gemessenen NO-Emissionen aufweisen werden (siehe **Abbildung 7.10**). Außerdem ist bereits bei diesen Randbedingungen eine sehr homogene Zusammensetzung im Brennraum notwendig um die Stickoxidemissionen abzustimmen. Dies läuft einer physikalischen Modellvorstellung jedoch völlig zu wieder, da bei einer Gemischzusammensetzung von $\lambda = 1{,}07$ in einem Dieselmotor sicherlich sehr starke Inhomogenitäten auftreten werden. Diese Inhomogenitäten werden im Basismodell sogar für die Modellierung der fetten Verbrennung zur Rußbildung herangezogen. Aber auch hiervon losgelöst erscheint es widersinnig, dass die Verbrennung umso homogener abläuft je mehr sich die Gemischzusammensetzung dem stöchiometrischen Verhältnis annähert. Somit wird durch die Simulationen deutlich, dass durch eine reine Optimierung der Zumischung im Modell nach Kožuch die Modellschwäche bei niedrigen λ-Werten nicht ausreichend verbessert werden kann.

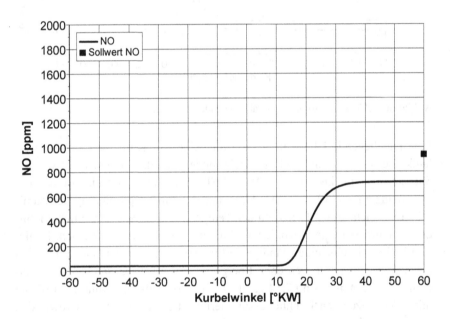

Abbildung 7.14: 1-zonige Berechnung der Stickoxide – 1200 min^{-1}, 21 bar p_{mi}

Die reine Optimierung der Zumischung ist somit für eine Behebung der Modellschwäche bei niedrigen globalen λ-Werten nicht zielführend. Basierend auf der Kritik an der einzonigen Rechnung, dass eine stärkere Homogenisierung in Richtung der stöchiometrischen Zusammensetzung physikalisch nicht zu erklären ist, erscheint ein umgekehrtes Vorgehen wünschenswert: Eine zunehmend fettere Verbrennung mit sinkenden globalen λ-Werten des

Gemisches. In diesem Fall entsteht zu Beginn der Verbrennung eine verbrannte Zone mit der gleichen fetten Zusammensetzung wie sie für die Verbrennung angenommen wird. Erst durch die Zumischung aus der unverbrannten Zone wird die Zusammensetzung der verbrannten Zone langsam in Richtung des globalen λ-Werts der Zylinderfüllung gebracht. Dies entspricht prinzipiell der Modellvorstellung nach Hohlbaum [36], wie sie schon in Kapitel 3.2.2 vorgestellt wurde, welche an Großmotoren entwickelt wurde.

Die Stickoxidbildung fällt für eine derartige Modellierung aus mehreren Gründen deutlich geringer aus:

■ Durch den teilweise unverbrannten Kraftstoff ergibt sich eine Gemischverdünnung, welche zunächst geringere Temperaturen zur Folge hat.

■ Solange die verbrannte Zone noch eine fette Zusammensetzung aufweist konkurriert die Stickoxidbildung mit der Nachoxidation um den zugemischten Sauerstoff wodurch nur wenige Stickoxide entstehen.

■ In der späteren Phase des Arbeitsspiels, wenn die verbrannte Zone die stöchiometrische Phase durchläuft, herrschen aufgrund der Expansion geringere Temperaturen vor.

Es wird also der bei niedrigen λ-Werten kritische Bereich kurz nach ZOT, der bei abbrechender Zumischung hohe Temperaturen aber noch ausreichend Sauerstoff aufweist, umgangen. Problematisch bei diesem Ansatz sind jedoch die hohen Werte an un- bzw. teiloxidierten Kohlenwasserstoffen welche bei der fetten Verbrennung entstehen. Um zu verhindern, dass diese hohen Konzentrationen ins Abgas gelangen ist eine ausreichende Zumischung aus der unverbrannten Zone notwendig, damit genügend Nachoxidation bis zum Öffnen der Auslassventile stattfinden kann und keine Diskrepanzen zu gemessenen CO- und HC-Konzentrationen entstehen. Eine Änderung des indizierten Mitteldrucks aufgrund des schlechteren Wirkungsgrades der späteren Nachoxidation ist hingegen in gewissen Grenzen hinnehmbar, da er in der Simulation ohnehin nicht eindeutig zu bestimmen ist[3]. Die Forderungen

---

[3] Mittels einer Energiebilanz (100 %-Iteration) werden bei der DVA die Diskrepanzen zwischen gemessenen Luft- und Kraftstoffmengen sowie der Kraftstoffumsetzung im Brennverlaufsmodell ausgeglichen, so dass hier durchaus Spielraum für Anpassungen am indizierten Mitteldruck vorhanden sind.

nach einer ausreichend starken Zumischung bis zum Öffnen der Auslassventile sowie einer ausreichend schwachen Zumischung kurz nach ZOT zeigt jedoch bereits, dass die Abstimmung der Zumischung bei einer solchen Modellierung sehr kritisch ist.

Um diese Modellvorstellung anwenden zu können muss also sichergestellt sein, dass bis zum Öffnen der Auslassventile eine vollständige Vermischung der unverbrannten und der verbrannten Zone durch die Zumischung erfolgt ist, sowie kein unrealistisch hoher Abfall im indizierten Mitteldruck entsteht. **Abbildung 7.15** zeigt hierzu die simulierten Stickoxide über der Zumischung und dem Verbrennungslambda. Hervorgehoben ist die Isolinie für 627 ppm, was den für diesen Betriebspunkt gemessenen NO-Emissionen entspricht. An dieser Isolinie zeigt sich bereits, dass es für diesen Betriebspunkt nur bis $\lambda_{Verbrennung} = 0{,}81$ möglich ist die gemessenen Stickoxide zu treffen. Bei größerem Verbrennungslambda findet sich keine Zumischungsabstimmung mehr bei der 624 ppm Stickoxide simuliert werden. Die Untersuchung der Zumischung für diese Isolinie zeigt, dass sie bis zum Öffnen der Auslassventile stets vollständig abgeschlossen ist. Zu hohe Emissionen an un- oder nur teiloxidierten Kohlenwasserstoffen sind somit nicht zu erwarten. Ferner erkennt man, dass die Anwendung des Basismodells mit $\lambda_{Verbrennung} = 1{,}0$ die Stickoxide etwa um Faktor zehn überschätzt, unabhängig von der Wahl des Parameters c_g.

Es bleibt noch die Frage nach einem absinkenden indizierten Mitteldruck bei einer fetten Verbrennung mit anschließender Nachoxidation durch Zumischung von unverbranntem Gemisch zu klären. **Abbildung 7.16** zeigt hierzu den indizierten Mitteldruck über der Zumischung und dem Verbrennungslambda. Als Referenz ist die Isolinie der gemessenen Stickoxide aus **Abbildung 7.15** überlagert. Es ist zu erkennen, dass für Abstimmungen bei denen die gemessenen Stickoxide in der Simulation reproduziert werden praktisch keine Veränderung im indizierten Mitteldruck zu erwarten ist.

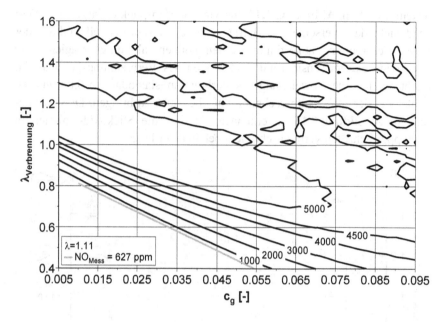

Abbildung 7.15: Stickoxide über Zumischung und Verbrennungslambda

Eine Simulation der Stickoxide für Betriebspunkte mit niedrigen globalen λ-Werten ist mit dieser Modellvorstellung somit generell möglich und weder Emissionen an un- oder nur teiloxidierten Kohlenwasserstoffen, noch ein reduzierter indizierter Mitteldruck stellen ein Problem dar. Für eine Anwendung dieser Modellierung ist nun lediglich eine Bestimmung des Verbrennungslambdas in Abhängigkeit des globalen Brennraumlambdas notwendig, da die Zumischung wie bisher auch für unterschiedliche Betriebspunkte mit demselben Wert für den Zumischparameter c_g simuliert werden soll. Zu diesem Zweck wurde die Zumischung mit $c_g = 0{,}0186$ festgelegt und für mehrere Betriebspunkte eine Variation des Verbrennungslambdas gefahren um die so simulierten Stickoxide zu erhalten, was einem vertikalen Schnitt durch ein Diagramm wie in **Abbildung 7.15** entspricht. Der Wert für c_g wurde gewählt, weil bei ihm für einen beinahe stöchiometrischen Betriebspunkt mit $\lambda = 1{,}02$ ein $\lambda_{Verbrennung} = 0{,}7$ notwendig ist um die gemessen Stickoxide in der Simulation zu treffen und somit noch genügend Reserve für noch fettere Betriebspunkte vorhanden ist, ohne das Verbrennungslambda zu klein wählen zu müssen. Das Ergebnis der Variation des Verbrennungslambdas bei festem c_g ist in **Abbildung 7.17** für vier Betriebspunkte dargestellt. Dort zeigt sich, dass verschiedene Betriebspunkte zwar prinzipiell mithilfe der fetten Verbrennung abgestimmt werden können, allerdings reagieren die Stickoxide extrem sensibel auf Änderungen des Verbrennungslambdas. So reicht bereits eine Abweichung des Verbrennungslambdas um 0,02 um den Fehler bei der Stickoxidberechnung auf über 60% zu bringen. Dies war bereits in **Abbildung 7.15** zu erkennen, da dort die Stickoxid-Isolinien in 1000 ppm Schritten vertikal sehr dicht beieinander lagen.

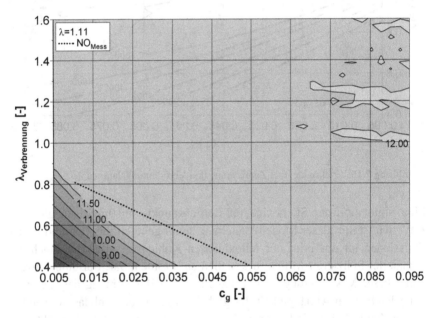

Abbildung 7.16: Indizierter Mitteldruck über Zumischung und Verbrennungslambda

Auch der horizontale Abstand der Isolinien ist für die dargestellten 1000 ppm Schritte noch recht gering, so dass auch eine Abstimmung über einen betriebspunktspezifischen Zumischungsparameter c_g kaum Aussicht auf Erfolg hat. Der Vollständigkeit halber ist das Ergebnis einer Variation dieses Parameters bei einem festen $\lambda_{Verbrennung} = 0,7$ in **Abbildung 7.18** dargestellt. Wie erwartet zeigt sich erneut eine extreme Sensibilität gegenüber dem variierten Parameter, in diesem Fall also c_g. Für diesen Fall reicht bereits eine Abweichung des Zumischparameters c_g um 0,0025 um den Fehler bei der Stickoxidberechnung auf beinahe 70% zu bringen.

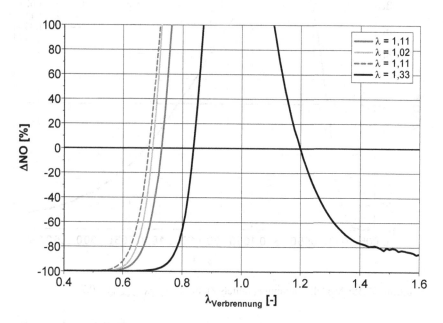

Abbildung 7.17: Modellabstimmung mittels Verbrennungslambda, $c_g = 0,0186$

Eine Modellierung der Stickoxide bei niedrigen globalen λ-Werten ist somit zwar prinzipiell möglich, allerdings haben die Untersuchungen auch gezeigt, dass eine solche Modellierung extrem sensibel auf ihre Abstimmparameter reagiert und damit in der Anwendung nicht sinnvoll abzustimmen ist. Dies liegt an dem inhärenten Problem dieser Modellvorstellung, dass der kritische Bereich mit einer Zusammensetzung von λ = 1 in der verbrannten Zone durchlaufen werden muss damit die Modellierung gelingt. Bereits kleinste Abweichungen des Zeitpunktes an dem diese Zusammensetzung durchlaufen wird, egal ob durch das Verbrennungslambda oder die Zumischung ausgelöst, sorgen für enorme Abweichungen in den simulierten Stickoxiden. Dieses Problem lässt sich bei einer thermodynamisch korrekten Simulation einer fetten Verbrennung nicht vermeiden.

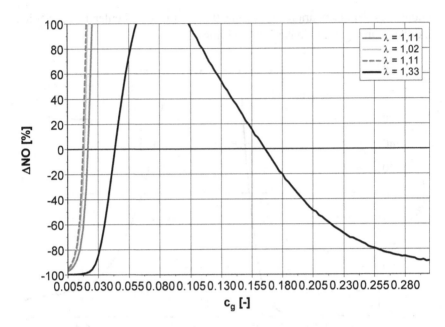

Abbildung 7.18: Modellabstimmung mittels Zumischung, $\lambda_{\text{Verbrennung}} = 0{,}7$

Die durchgeführten Untersuchungen unterstützen zusätzlich auch die Erkenntnisse der Untersuchung der einzonigen Berechnung der Stickoxide. In **Abbildung 7.17** ist für den Betriebspunkt mit $\lambda = 1{,}33$ zu erkennen, dass auch eine Simulation mit einer mageren Verbrennung mit $\lambda_{\text{Verbrennung}} = 1{,}2$ möglich ist. Dies gelingt jedoch für die restlichen Betriebspunkte, welche näher an der stöchiometrischen Zusammensetzung liegen, nicht mehr. Dies entspricht den Ergebnissen der untersuchten einzonigen Berechnung, da eine magere Verbrennung schlicht einer Verbrennung mit gleichzeitiger Zumischung entspricht und der Grenzfall erneut eine sofortige vollständige Vermischung darstellt, was genau der untersuchten einzonigen Berechnung entspricht.

Aus den bisherigen Untersuchungen folgt somit, dass eine perfekte Vermischung in Form einer einzonigen Berechnung nicht in der Lage ist die simulierten Stickoxide im Bereich der global stöchiometrischen Brennraumgemischzusammensetzung ausreichend zu reduzieren um die gemessenen Werte zu treffen bzw. dies nur mit einer unrealistischen, weil zunehmend homogeneren, Verbrennung erreichen kann. Eine fette Verbrennung kann zwar die gemessenen Stickoxidkonzentrationen treffen, ist aber aufgrund der extrem sensiblen Abstimmung für die praktische Anwendung nicht geeignet. Gemeinsam betrachtet lässt sich aus den Untersuchungen auch ableiten, dass eine Kombination aus fetter und magerer Verbrennung, eine Verbrennung mit einer Lambdaverteilung gemäß einer Wahrscheinlichkeitsdichtefunktion oder einer sonstigen Kombination aus den untersuchten Grenzfällen nicht zielführend ist. Problematisch bleibt immer, dass selbst die perfekt homogene Verbrennung der einzonigen Rechnung die Temperaturen nicht ausreichend senkt und bei einer nicht homogenen Verbrennung der kritische Bereich bei $\lambda = 1$ durchlaufen werden muss.

Eine physikalisch korrekte nulldimensionale Modellierung der Stickoxidemissionen eines Dieselmotors scheint somit nicht praktikabel zu sein. Aus diesem Grund wurde wie bereits beim Wandtemperatureinfluss in Kapitel 7.1 ein Ansatz basierend auf Pseudo-Zonen gewählt um die Stickoxidbildung zu modellieren.

Ähnlich wie bereits für die Modellierung des Wandtemperatureinflusses geschehen wird die verbrannte Zone in weitere Pseudo-Zonen unterteilt. Hierzu wird die heiße Kernzone, in der die gesamte Stickoxidbildung abläuft, weiter in zwei einzelne Pseudo-Zonen unterteilt. Eine dieser Pseudo-Zonen erhält eine fette Zusammensetzung während die andere „stöchiometrische" Pseudo-Zone[4] die Zusammensetzung der thermodynamischen verbrannten Zone inklusive der Zumischung aus der unverbrannten Zone erhält (siehe **Abbildung 7.19**). Da es sich sowohl bei der fetten Zone als auch der stöchiometrischen Zone erneut um Pseudo-Zonen handelt und sie somit keinen Einfluss auf die Simulation der thermodynamischen Zonen haben, ist für diese Modellvorstellung keine vollständige Vermischung der beiden neuen Pseudo-Zonen bis zum Öffnen der Auslassventile notwendig. Sie dienen weder der Berechnung der Verbrennung noch der Bestimmung der Konzentration an un- oder nur teiloxidierten Kohlenwasserstoffen sondern einzig der

---

[4] Diese Pseudo-Zone wird im Folgenden, nicht ganz korrekt, als stöchiometrische (Pseudo-)Zone bezeichnet obwohl ihre Zusammensetzung in der Regel mager ist. Der Name rührt daher, dass ihre Zusammensetzung durch eine stöchiometrische Verbrennung entsteht und erst durch die Zumischung mager wird.

Simulation der Stickoxidemissionen. Somit ist weder ein Ansteigen der Emissionen an un- oder nur teiloxidierten Kohlenwasserstoffen zu befürchten noch ein Abfallen des indizierten Mitteldrucks aufgrund einer nicht vollständigen Umsetzung des Kraftstoffes. Dadurch werden diese problematischen Aspekte der Modellvorstellung einer fetten Verbrennung umgangen, während die positiven Aspekte der fetten Modellierung, nämlich niedrigere Temperatur und Sauerstoffmangel, erhalten bleiben.

Wie bereits bei der Modellierung des Wandtemperatureinflusses ergeben sich auch beim Luftmangeleinfluss durch diese Vorstellung zwei unterschiedliche mögliche Varianten der Implementierung: eine feste Aufteilung bei variabler Zusammensetzung der Pseudo-Zonen oder eine variable Aufteilung bei fester Zusammensetzung. Die maximale Reduzierung der Stickoxidbildung im Vergleich zur Modellierung nach Kožuch ist bei dieser Modellvorstellung nach oben durch die Größe der fetten Pseudo-Zone begrenzt. Nämlich für den Fall, dass diese Pseudo-Zone ein ausreichend fettes Gemisch enthält um dort überhaupt keine Stickoxide mehr entstehen zu lassen. Entsprechend erscheint es nicht sinnvoll eine Implementierung mit fester Größenaufteilung aber variablen Zusammensetzungen zu wählen, da die fette Pseudo-Zone je nach Anwendungsfall unterschiedlich groß ausfallen müsste. Aus diesem Grund wurde wie bereits beim Wandtemperatureinfluss eine Implementierung mit variabler Aufteilung gewählt.

Für die Modellierung der Stickoxid-Emissionen bei ausreichend mageren Bedingungen soll weiterhin das Basismodell nach Kožuch angewandt werden. Der Übergang in die neue Modellvorstellung muss somit auf jeden Fall stetig erfolgen, damit beim Überblenden in die neue Modellvorstellung keine Unstetigkeit in der simulierten Stickoxidkonzentration entsteht. Aus diesem Grund übernimmt die stöchiometrische Zone sowohl die Zusammensetzung als auch die Temperatur der thermodynamischen verbrannten Zone, d. h. entsprechend einer Verbrennung bei $\lambda = 1$ und der im Basismodell modellierten Zumischung. Für eine globale Zusammensetzung mit einem $\lambda < 1$ wird die in diesem Fall fette Zusammensetzung der thermodynamischen verbrannten Zone jedoch auf eine stöchiometrische Zusammensetzung für die stöchiometrische Pseudo-Zone angehoben. Zusätzlich wird für den Fall einer abbrechenden Zumischung in der thermodynamischen verbrannten Zone die stöchiometrische Pseudo-Zone auf jeden Fall weiterhin mit unverbrannter Luft versorgt um auch bei global fetten Bedingungen eine Stickoxidbildung in dieser Pseudo-Zone aufrecht zu erhalten. Diese beiden Eingriffe sind dem Umstand geschuldet, dass die Aufteilung in eine fette und eine stöchiometrische Pseudo-Zone keine Rückwirkung auf die thermodynamischen Zonen haben kann, allerdings gemäß der Modellvorstellung mehr unverbrannte Luftmasse für die stöchiometrische Pseudo-Zone zur Verfügung steht, da sie in der fetten Pseudo-Zone eingespart wurde. Diese zusätzlichen Änderungen an der stöchiometrischen Pseudo-Zone wirken außerdem nur bei Betriebspunkten mit extrem niedrigen λ-Werten. Bei diesen wird die fette Pseudo-Zone bereits einen entsprechend großen Anteil an der Kernzone haben, weshalb diese Änderungen keine Unstetigkeit im Übergang zur Modellvorstellung nach Kožuch erzeugen können, welcher mit einer gerade erst entstehenden fetten Pseudo-Zone stattfindet.

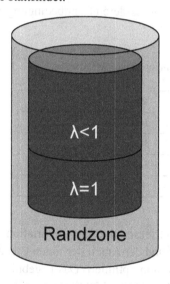

Abbildung 7.19: Modellvorstellung Luftmangeleinfluss

Die fette Zone wird mit einer Zusammensetzung modelliert wie sie bei einer Verbrennung mit $\lambda = 0{,}6$ entsteht. Die Temperatur in der fetten Zone berechnet sich gemäß Gl. 7.2 aus der Temperatur der thermodynamischen verbrannten Zone reduziert um die Differenz der adiabat isobaren Flammentemperaturen für eine stöchiometrische Flamme und eine Flamme mit $\lambda = 0{,}6$. Mit diesem Ansatz soll die veränderte Temperatur einer verbrannten Zone bei einer fetten Verbrennung abgeschätzt werden.

$$T_f = T_v - \left(T_{AIFT,st} - T_{AIFT,f}\right) \qquad \text{Gl. 7.2}$$

T_f Temperatur der fetten Zone [K]

T_V Temperatur der verbrannten Zone [K]

$T_{AIFT,st}$ Stöchiom. adiabat isobare Flammentemp. [K]

$T_{AIFT,f}$ Fette adiabat isobare Flammentemp. [K]

Nach der Definition der Zustände in den beiden Pseudo-Zonen ist noch die Aufteilung der Kernzone in diese festzulegen. Die Abstimmung der Aufteilung in die beiden Pseudo-Zonen erfolgt an simulierten Betriebspunkten einer gemessenen λ-Variation, deren Randbedingungen in **Tabelle 7.4** aufgeführt sind.

Tabelle 7.4:   Randbedingungen der λ-Variation

Parameter	Wert
Drehzahl	1000 min^{-1}
ind. Mitteldruck	10,8…14,2 bar
Luftverhältnis	1,4…1,0
AGR-Rate	~0 %

Die gemessenen 11 Betriebspunkte der λ-Variation wurden mit der neuen Modellierung simuliert und der Anteil der fetten Pseudo-Zone auf die gemessene Stickoxidkonzentration optimiert. Das Ergebnis des optimierten Anteils der fetten Zone ist in **Abbildung 7.20** dargestellt. Eine lineare Approximation liefert nur eine mäßige Übereinstimmung, da die vorhandene Krümmung im Verlauf der Simulationsergebnisse nicht abgebildet werden kann. Eine besonders gute Übereinstimmung mit den Ergebnissen zeigt eine trigonometrische Approximation mit einer Cosinusfunktion.

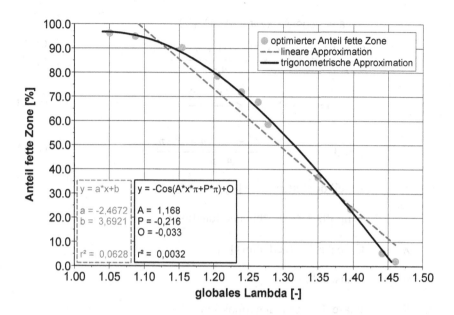

Abbildung 7.20: Lineare und trigonometrische Approximation des Fettanteils

Die Cosinusfunktion (Gl. 7.3) kann über drei Abstimmparameter (Amplitude A, Phasenverschiebung P und Offset O) beinahe perfekt auf die optimierten Werte angepasst werden und liefert dann eine Fehlerquadratsumme von nur noch 0,0032. Zusätzlich kann die Cosinusfunktion die Sättigung in Richtung stöchiometrische Zusammensetzung gut abbilden und zeigt beim erstmaligen Eingreifen des Modells bei $\lambda \approx 1{,}46$ keinen zu steilen Gradienten. Um ein erneutes Abfallen des Anteils der fetten Zone für kleinere Lambda-Werte und ein physikalisch nicht sinnvolles Abfallen auf negative Fettanteile für größere Lambda-Werte als im Diagramm dargestellt zu verhindern, bzw. generell die Approximationsfunktion auf einen einzelnen fallenden Cosinusbogen zu beschränken, gelten die angegebenen Lambda-Grenzen. Ein sinnvolles Verhalten außerhalb dieser Grenzen wird durch Gl. 7.4 und Gl. 7.5 sichergestellt. Hierdurch wird der Fettanteil auch für kleine Lambda-Werte auf dem Maximalwert und für große Lambda-Werte auf 0 gehalten.

$$a = -\cos(A \cdot \lambda \cdot \pi + P \cdot \pi) + 0$$

$$\frac{(1-P)}{A} < \lambda < \frac{\cos^{-1}(-O) + \pi - P \cdot \pi}{A \cdot \pi} \qquad \text{Gl. 7.3}$$

$$a = 1 + 0 \quad | \quad \lambda < \frac{(1-P)}{A} \qquad \text{Gl. 7.4}$$

$$a = 0 \quad | \quad \lambda > \frac{\cos^{-1}(-O) + \pi - P \cdot \pi}{A \cdot \pi} \qquad \text{Gl. 7.5}$$

a   Anteil der fetten Zone [–]

A   Amplitude der Luftmangelfunktion [–]

λ Globales Luftverhältnis [–]

π Kreiszahl [–]

P   Phase der Luftmangelfunktion [–]

O   Offset der Luftmangelfunktion [–]

Die optimierten Werte der Abstimmparameter sind in **Tabelle 7.5** zusammengefasst, für eine praxisnahe Beschreibung ihrer Wirkung auf die Approximationsfunktion sei auf Kapitel 8.1.2 verwiesen. Abschließend sei noch erwähnt, dass die trigonometrische Approximation auch ohne Abstimmungsparameter eine bessere Übereinstimmung mit den optimierten Anteilen der fetten Zone zeigt als eine lineare Approximation.

Tabelle 7.5:   Optimierte Konstanten der trigonometrischen Approximation

Konstante	Wert
A	1,168
P	-0,216
O	-0,033

Einen Vergleich zwischen den gemessenen Werten sowie den mit dem Basismodell nach Kožuch und dem erweiterten Modell simulierten Werten zeigt **Abbildung 7.21**. Für den Vergleich wurde das Basismodell mit einem gemeinsamen Parametersatz auf die 11 Betriebspunkte der λ-Variation abgestimmt. Das erweiterte Modell wurde mit den in **Abbildung 7.20** bzw. **Tabelle 7.5** aufgeführten Parametern für die trigonometrische Approximation ebenfalls mit einem gemeinsamen Parametersatz abgestimmt. Es ist deutlich zu erkennen, dass das Basismodell nach Kožuch, wie nach den Ausführungen in diesem Kapitel nicht anders zu erwarten, für Betriebspunkte mit niedrigen globalen λ-Werten völlig falsche, weil viel zu hohe, Stickoxidkonzentrationen liefert. Für diese Betriebspunkte bricht die modellierte Zumischung irgendwann während der Stickoxidbildung ab, die Temperatur in der verbrannten Zone steigt an und die Stickoxidkonzentration nimmt rapide zu. Dieser Effekt verstärkt sich zu niedrigeren λ-Werten hin zusehends. Der tatsächliche Verlauf der Stickoxidkonzentration mit deutlichem Abfall für die Betriebspunkte in der Nähe der stöchiometrischen Zusammensetzung zeigt ein umgekehrtes Verhalten. Die zu niedrigen Werte für die ersten, noch ausreichend mageren Betriebspunkte, kommen zustande, da bei der Abstimmung auf einen gemeinsamen Parametersatz das Ziel einer möglichst geringen Gesamtabweichung von den Messwerten über alle Betriebspunkte verfolgt wird.

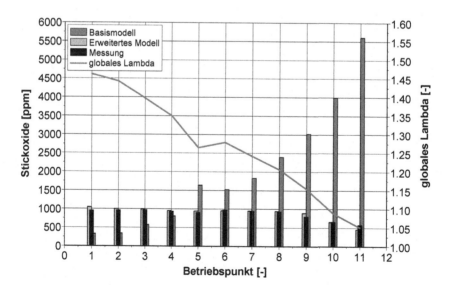

Abbildung 7.21: λ-Variation – Vergleich der Stickoxide

Das erweiterte Modell hingegen zeigt eine sehr gute Übereinstimmung mit den gemessenen Stickoxidwerten. Sowohl die Tendenz zu sinkenden Stickoxidkonzentrationen für sehr niedrige λ-Werte als auch die absoluten Werte werden sehr gut vom Modell abgebildet. Das erweiterte Modell ist somit in der Lage die Stickoxidkonzentrationen auch bis zu niedrigsten λ-Werten korrekt vorherzusagen.

8 Modellabstimmung und Modellvalidierung

Im folgenden Kapitel soll zunächst die Modellabstimmung, getrennt für das Basismodell nach Kožuch sowie das erweiterte Modell, erläutert werden. Hierbei wird unter anderem auch auf den notwendigen Aufwand für verschiedene Abstimmungsmethoden und die mit ihnen erzielbare Simulationsgüte eingegangen. Anschließend wird das erweiterte Modell an stationären und transienten Messdaten validiert und die Ergebnisse mit denen des Basismodells verglichen.

8.1 Modellabstimmung

Ein Simulationsmodell muss praktisch immer auf einen spezifischen Einsatz abgestimmt werden. Bei guten Modellen genügt eine einmalige Abstimmung auf einen Prüfling, z. B. auf das Verhalten eines speziellen Motors. Allerdings verfügen Simulationsmodelle meist über eine Vielzahl an Parametern von denen nicht alle für eine solche Abstimmung notwendig sind. Im Folgenden wird sowohl das Basismodell nach Kožuch als auch das erweiterte Modell mithilfe der vorhandenen Messdaten auf den verwendeten Versuchsmotor abgestimmt. Dabei wird auch untersucht, welche der zur Verfügung stehenden Abstimmparameter für eine Abstimmung tatsächlich notwendig sind, und welcher Genauigkeitsverlust mit dem Verzicht auf die Abstimmung bestimmter Parameter einhergeht.

8.1.1 Basismodell nach Kožuch

Das Stickoxidmodell nach Kožuch beinhaltet eine Vielzahl an Parametern. Die meisten hiervon sind jedoch nicht für eine Abstimmung vorgesehen bzw. ergeben sich direkt aus den Eigenschaften des Prüflings als Konstanten. In [14] beschreibt Kožuch den Abstimmvorgang mithilfe folgender Parameter:

■ c_g – Abstimmung der turbulenzproportionalen Zumischung

■ c_{ga} – Abstimmung der brennverlaufsproportionalen Zumischung

■ ε_E – Abstimmung des Einflusses der Einspritzung auf die Turbulenz

■ ε_D – Abstimmung des Einflusses des Dralls auf die Turbulenz

Allerdings zeigt Kožuch in [14] ebenfalls eine Abhängigkeit zwischen den Parametern c_g und c_{ga}. Diese Abhängigkeit ergibt sich unmittelbar aus der Definition der Zumischfunktion g (Gl. 3.8) und wurde entsprechend auch bei den neuen Messdaten in dieser Untersuchung festgestellt. Durch die Abhängigkeit der beiden Parameter entsteht eine beliebige Anzahl an Kombinationen von c_g und c_{ga} bei denen das Emissionsmodell die gleichen Stickoxidkonzentrationen errechnet. Oder anders ausgedrückt: Veränderungen an einem Parameter können durch Anpassung des anderen ausgeglichen werden. Da c_g und c_{ga} jedoch unterschiedliche Aspekte der Zumischung abstimmen, einmal den turbulenzproportionalen und das andere Mal den brennverlaufsproportionalen Anteil, ist es denkbar, dass sie trotz der Abhängigkeit die gemeinsame Abstimmung vieler Betriebspunkte mit nur einem Parametersatz verbessern.

Um das Verhalten und den Nutzen von c_g und c_{ga} zu bewerten, wurde eine Variation dieser Parameter mit hoher Auflösung durchgeführt. Hierdurch entstanden eine Vielzahl an Parameterpaaren aus c_g und c_{ga}, welche alle die gemessenen Stickoxidemissionen exakt wieder geben und somit Nulllinien der NO-Abstimmung mittels dieser beider Parameter bilden. Eine Verbesserung der gemeinsamen Abstimmung mehrerer Betriebspunkte stellt sich dann ein, wenn die Nulllinien einen gemeinsamen Schnittpunkt haben bzw. sich an einem Parameterpaar aus c_g und c_{ga} einander annähern. Sollten die Verläufe der Nulllinien hingegen beinahe parallel liegen, so ergibt sich durch die Verwendung von sowohl c_g als auch c_{ga} zur Abstimmung des Modells auf mehrere Betriebspunkte keine Verbesserung.

Abbildung 8.1 zeigt die durchgeführte Parametervariation für alle Betriebspunkte, bei denen eine Optimierung auf die gemessenen NO-Emissionen im betrachteten Intervall von c_g und c_{ga} möglich ist. Es ist zu erkennen, dass sich für die Parametervariation kein gemeinsamer Schnittpunkt bzw. keine Annäherung an ein gemeinsames Parameterpaar findet. Vielmehr verlaufen die

Nulllinien der verschiedenen Betriebspunkte zum Großteil parallel. Eine gemeinsame Abstimmung auf einen Parametersatz wird durch den Parameter c_{ga} somit nicht unterstützt wodurch er seine Daseinsberechtigung verliert.

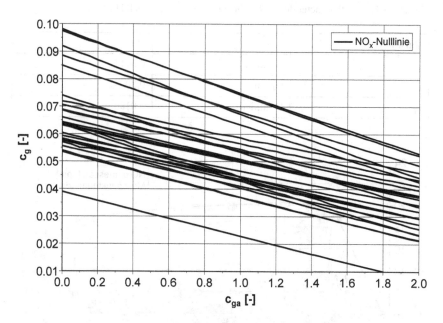

Abbildung 8.1: Parametervariation von c_g und c_{ga}

Für eine ausführliche Abstimmung nach [14] sind wie bereits beschrieben vier Parameter abzustimmen. Nachdem festgestellt wurde, dass der Parameter c_{ga} für eine gemeinsame Abstimmung nicht hilfreich ist, bleiben somit drei Parameter abzustimmen. Das Vorgehen für eine ausführliche Abstimmung wurde bereits in **Abbildung 3.6** dargestellt und in Kapitel 3.2.4 beschrieben. Zusätzlich sei auf die Ausführungen in [14] verwiesen. Für den Fall einer reinen Stickoxidabstimmung ist eine gemeinsame Optimierung der Parameter c_g, ε_E und ε_D ausreichend. Für das vermessene Kennfeld (siehe **Abbildung 8.2**) liefert diese ausführliche Abstimmung die in **Tabelle 8.1** eingetragenen Werte, wobei alle drei Parameter gemeinsam auf einen Parametersatz für alle Messpunkte optimiert wurden. Eine nachträgliche Einzeloptimierung des Parameters ε_D ähnlich dem Vorgehen in [14] liefert keine weiteren Erkenntnisse. Eine Korrelation zwischen der gemessenen Drallklappenstellung und dem Parameter ε_D ist nicht festzustellen. Deshalb wurde das Ergebnis der gemeinsamen Abstimmung für ε_D übernommen.

Tabelle 8.1:   Parameter der ausführlichen Abstimmung nach [14]

Parameter	Art	Wert
c_g	Optimiert	0,0711
ε_E	Optimiert	0,2004
ε_D	Optimiert	0,0100

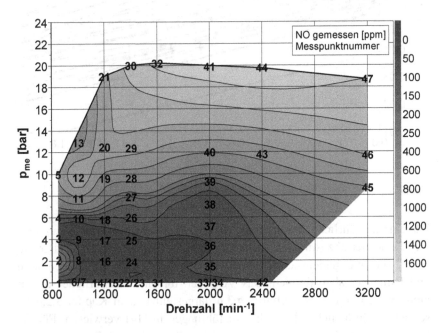

Abbildung 8.2:   NO-Kennfeld mit Messpunkten

In **Abbildung 8.3** sind die mit dieser Abstimmung entstandenen Simulationsergebnisse den Messwerten gegenübergestellt. Zusätzlich sind die Ergebnisse einer Abstimmung unter Verwendung von c_{ga} in der Abbildung dargestellt um das Resultat der Parametervariation aus **Abbildung 8.1**, dass c_{ga} nicht zu einer besseren Abstimmung führt, zu untermauern. Es zeigt sich, dass die Verwendung von c_{ga} bei einer gemeinsamen Abstimmung tatsächlich keine eindeutige Verbesserung der Übereinstimmung mit den Messwerten liefert. Der Vergleich der Standardabweichung für beide Varianten zeigt sogar einen geringfügig besseren Wert für die Variante ohne c_{ga}: 1214 ppm zu 1278 ppm. Insgesamt zeigt sich in Bezug auf die Messwerte für beide Varianten eine recht gute Übereinstimmung für die meisten Betriebspunkte. Auffallend ist jedoch die sehr schlechte Übereinstimmung der Simulationen mit der Messung für die Betriebspunkte 5, 13, 20, 21, 30 und 32. Diese Betriebspunkte haben die niedrigsten globalen λ-Werte im Kennfeld, so dass für sie die entsprechende Modellschwäche, welche in Kapitel 7.2 ausführlich erklärt wurde, eine Vorhersage der Stickoxidkonzentrationen unmöglich macht. Vielmehr führt der durch die Modellschwäche ausgelöste Abbruch der Zumischung zu extrem hohen simulierten Emissionen, welche die Skala des Diagramms teilweise sprengen. Dies ist auch der Grund für die extrem hohe Standardabweichung der beiden Varianten.

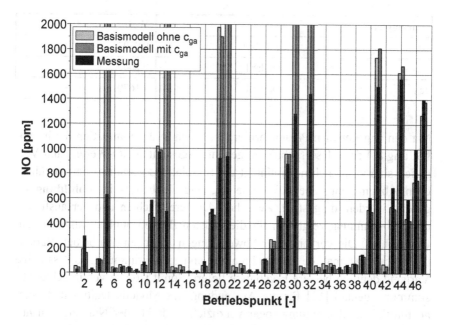

Abbildung 8.3: Ausführliche Modellabstimmung – Einfluss c_{ga}

Gemäß [61] reicht bereits eine vereinfachte Abstimmung des Basismodells bei welcher einzig der Parameter c_g (mit einer eventuellen Optimierung des Wertes von ε_E) abgestimmt werden muss. Die restlichen Parameter können auf den in [61] empfohlenen Standardwerten belassen werden, da ihre Anpassung nur noch einen minimalen Vorteil erbringt. Eine derartige reine Optimierung des Parameters c_g liefert für die Betriebspunkte des Kennfeldes bei Verwendung der in [61] vorgeschlagenen Standardwerte für die restlichen Parameter einen Wert von $c_g = 0{,}0703$. Dieser liegt recht nahe an dem von Kožuch in [14] gelieferten Wert von 0,068, obwohl der hier abgestimmte OM 642 zwei Generationen neuer ist als der von Kožuch in [14] abgestimmte OM 611 und somit entsprechend große technologische Weiterentwicklungen vorhanden sind. In **Tabelle 8.2** sind die Standardwerte nach [61] und der optimierte Wert für c_g zusammengefasst.

Tabelle 8.2:   Parameter der vereinfachten Abstimmung nach [61]

Parameter	Art	Wert
c_g	Optimiert	0,0703
ε_E	Standard	0,2000
ε_D	Standard	0,1670

Mit den angegebenen Parametern ergeben sich in der Simulation die in **Abbildung 8.4** den Messergebnissen gegenübergestellten NO-Werte. Zum Vergleich sind zusätzlich noch einmal die Simulationsergebnisse der ausführlichen Abstimmung, ebenfalls ohne c_{ga}, wie sie bereits in **Abbildung 8.3** gezeigt wurden, dargestellt. Zwischen der vereinfachten und der ausführlichen Abstimmung zeigt sich für die meisten Betriebspunkte praktisch kein Unterschied. Die vorhandenen Abweichungen zwischen den beiden Varianten bevorzugen mal die eine und mal die andere Abstimmung, so dass keine Variante deutlich bessere Ergebnisse liefert. Somit ist eine vereinfachte Abstimmung gemäß [61] für die Anwendung des Modells legitim und einer ausführlichen Abstimmung sogar vorzuziehen, da bei der Nutzung von nur einem Abstimmungsparameter ein einfacherer Vergleich der Abstimmungen von unterschiedlichen Modellen möglich wird.

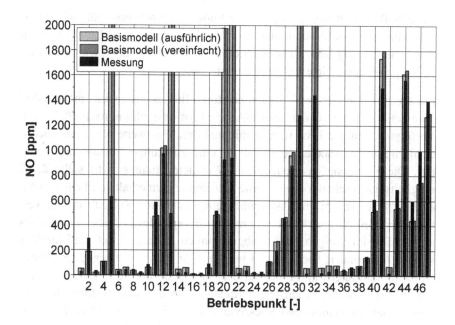

Abbildung 8.4: Vereinfachte Modellabstimmung - Vergleich Simulation mit Messung

8.1.2 Erweitertes Modell

Das erweiterte Modell kann zusätzlich zum Basismodell nach Kožuch den Wandtemperatureinfluss modellieren sowie Betriebspunkte mit niedrigem globalem Luftverhältnis simulieren. Das Basismodell nach Kožuch bleibt dabei für die Simulation der Stickoxidkonzentrationen erhalten. Entsprechend ist auch für eine Abstimmung des erweiterten Modells zunächst das Basismodell entsprechend den Ausführungen in Kapitel 8.1.1 abzustimmen. Die evtl. Abstimmung des Wandtemperatur- sowie Luftmangeleinflusses sind hiervon und untereinander unabhängig. Im Vergleich zum Emissionsmodell nach Kožuch wird sich jedoch auch ohne explizite Abstimmung eine deutliche Verbesserung der Vorhersagefähigkeit durch das erweiterte Modell ergeben, da dort der Wandtemperatureinfluss nicht berücksichtig wurde und die Vorhersage der Emissionen bei Betriebspunkten mit niedrigen globalen λ-Werten nicht möglich war. Somit kann das erweiterte Modell auch ohne zusätzlichen Abstimmaufwand oder beim Fehlen entsprechender Messdaten vorteilhaft genutzt werden. Für die bestmögliche Vorhersagegüte wird trotzdem eine explizite Abstimmung des Wandtemperatur- und Luftmangeleinflusses notwendig sein, wobei sich die beiden Untermodelle wie bereits erwähnt getrennt voneinander abstimmen lassen.

Für die Abstimmung des Wandtemperatureinflusses stehen maximal die drei Parameter F, E und C der Potenz-Approximationsfunktion nach Gl. 7.1 zur Verfügung. Entsprechend werden minimal drei Messwerte bei unterschiedlichen Brennraumwandtemperaturen für eine eindeutige Abstimmung benötigt. Die Spreizung des betrachteten Wandtemperaturbereichs sollte dabei möglichst groß sein um eine robuste Abstimmung zu erhalten. Ebenso erhöht eine größere Anzahl an Abstimmbetriebspunkten die Robustheit. Die verwendeten Betriebspunkte sollten nicht im Bereich des Luftmangeleinflusses liegen. Die im vorigen Schritt abgestimmten Parameter des Basismodells können unverändert übernommen werden. Für die Abstimmung des Wandtemperatureinflusses muss nun bei der Simulation der geeigneten Betriebspunkte die Größe bzw. Dicke der Randzone so bestimmt werden, dass die entsprechenden gemessenen Stickoxidkonzentrationen vom Modell berechnet werden. Sollte bei einem oder mehreren Betriebspunkten (ausgehend von der höchsten Brennraumwandtemperatur) eine Abstimmung der Randdicke nicht möglich sein, da die simulierten Stickoxidkonzentrationen unter den gemessenen zu liegen kommen, so muss der Parameter c_g aus der Abstimmung des Basismodells verkleinert werden. Dies ist ebenfalls angebracht, falls die Randzonendicke für den Betriebspunkt mit der höchsten Brennraumwandtemperatur zu nahe an 0 liegt, bzw. ersichtlich ist, dass sie für noch zu erwartende Wandtemperaturen negativ wird. Ist diese Abstimmung der Randdicke für eine ausreichende Anzahl an Betriebspunkten wiederholt, lässt sich die Potenz-Approximationsfunktion über die Parameter auf die entsprechende Dicke der Randzone bei der jeweiligen Brennraumwandtemperatur optimieren.

Eine vereinfachte Abstimmung in der praktischen Anwendung kann auch mit einem Abstimmparameter an nur einem Messpunkt durchgeführt werden. Der Parameter C sollte hierbei nicht angepasst werden. Er beschreibt die Mindest-Wanddicke bei hohen Wandtemperaturen und müsste sich ggf. immer durch eine Anpassung des Parameters c_g der Zumischung ausgleichen lassen. Der Parameter E sollte nur vorsichtig oder bei wenigen passenden Messdaten überhaupt nicht verändert werden, da er die Form der Approximation über der Temperatur stark beeinflussen kann, siehe **Abbildung 8.5**. Damit besteht die Gefahr bei nur wenigen passenden Messdaten im Bereich außerhalb der Abstimmungspunkte eine ungewollt starke Verstimmung der Funktion zu erzeugen. Der Parameter F kann an einem Betriebspunktes mit sehr niedrigen Kühlmitteltemperaturen abgestimmt werden, nachdem der Zumischparameter c_g am warmen Motor abgestimmt wurde. Hiermit kann der Verlauf der Approximation über der Temperatur skaliert werden ohne die grundsätzliche Form zu stark zu verändern.

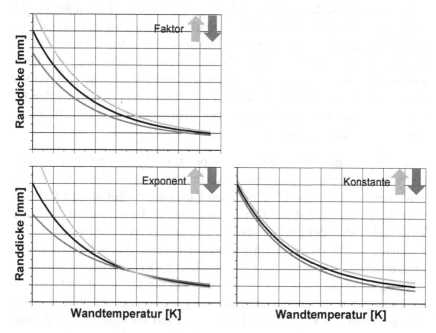

Abbildung 8.5: Einfluss der Modellparameter auf die Randdicke

Zur Abstimmung des Luftmangeleinflusses können maximal die drei Parameter A, P und O der trigonometrischen Approximationsfunktion nach Gl. 7.3 verwendet werden. Damit eine Abstimmung gelingen kann, müssen gemessene Stickoxidkonzentrationen für Betriebspunkte mit ausreichend niedrigem globalem Luftverhältnis vorliegen, an denen das Emissionsmodell nach Kožuch bereits versagt. Da auch hier wieder drei Parameter zur Abstimmung vorhanden sind, werden für eine eindeutige Abstimmung ebenfalls drei geeignete vermessene Betriebspunkte benötigt. Auch diese Abstimmung profitiert von einer möglichst großen Spreizung der Betriebspunkte, in diesem Fall in Bezug auf die globalen λ-Werte. Da eine gesonderte λ-Variation bis zu ausreichend niedrigen Werten selten vorliegen dürfte, muss hierfür wohl meistens auf Betriebspunkte aus dem Kennfeld zurückgegriffen werden. Dies stellt an sich kein Problem dar, allerdings sollte der niedrigste λ-Wert ausreichend dicht an der stöchiometrischen Zusammensetzung liegen um zu verhindern, dass die Approximation nur in einem sehr engen λ-Bereich durchgeführt wird. Die bereits abgestimmten Parameter des Basismodells sowie des Untermodells zur Berücksichtigung des Brennraumwandtemperatureinflusses können unverändert beibehalten werden. Für die geeigneten Messpunkte muss nun in der Simulation der Anteil der fetten Zone so bestimmt werden, dass die gemessenen NO-Werte getroffen werden. Die so bestimmten Anteile der fetten Zone können nun genutzt werden um die drei Parameter der trigonometrischen Approximationsfunktion über dem globalen λ-Wert abzustimmen.

Eine vereinfachte Abstimmung in der praktischen Anwendung kann auch hier mit nur einem Abstimmparameter durchgeführt werden. Die Abstimmung geschieht in diesem Fall über den Parameter P, über den der Lambdawert ab dem das Modell wirkt, in einem gewissen Bereich angepasst werden kann, siehe **Abbildung 8.6**. In diesem Fall genügt für die Abstimmung des Luftmangeleinflusses ein Betriebspunkt mit einem ausreichend niedrigen Luftverhältnis, so dass das Modell bereits greift. Der Parameter O beschreibt den stöchiometrischen Rest bei maximaler Wirksamkeit des Modells bei sehr niedrigen λ-Werten und sollte nicht angepasst werden, da ohne spezielle Messungen in der Regel keine Daten für derart niedrige Luftverhältnisse vorliegen. Der Parameter A bewirkt eine Verformung der Abstimmungskurve und sollte bei fehlenden Messdaten nicht angepasst werden, da sich der Verlauf des Anteils der fetten Zone über dem globalen Lambda stark verändern lässt und diese Veränderung ohne Messdaten nicht sinnvoll vorgenommen werden kann.

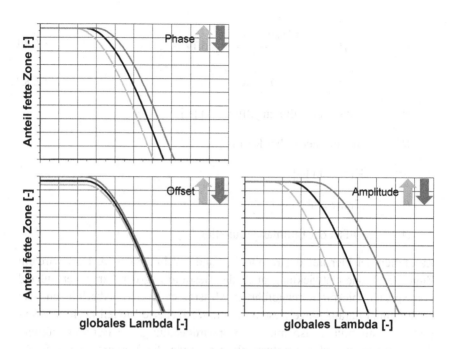

Abbildung 8.6: Einfluss der Modellparameter auf den Anteil der fetten Zone

Eine anschaulichere Abstimmung ermöglicht Gl. 8.1, indem sie eine reale Größe, nämlich den Lambdagrenzwert G, ab welchem ein Fettanteil erstmals auftritt, auf den bereits vorgestellten Parameter Phasenverschiebung P umrechnet. Der Vollständigkeit halber ist in Gl. 8.2 noch die triviale Umrechnung von einem stöchiometrischen Rest R auf den bereits vorgestellten Parameter Offset O dargestellt. Die Amplitude wird bei dieser Vorgehensweise nicht berechnet und bleibt somit auf dem Standardwert von A = 1,168. Auf diese Weise kann der Luftmangeleinfluss anhand von greifbaren Größen beliebig auf der Lambda-Achse verschoben sowie der maximale stöchiometrische Anteil festgelegt werden. Durch die konstante Amplitude A bleibt die Form der Approximationsfunktion und damit das Verhalten über dem geänderten Lambda-Bereich erhalten.

$$P = \frac{\cos^{-1}(R) + \pi}{\pi} - 1{,}168 * G \qquad \text{Gl. 8.1}$$

$$O = -R \qquad \text{Gl. 8.2}$$

P Phase der Luftmangelfunktion [–]

R Stöchiometrischer Rest [–]

π Kreiszahl [–]

G Grenzlambda [–]

O Offset der Luftmangelfunktion [–]

Zusätzlich sei hier auf die Kapitel 7.1 und 7.2 hingewiesen. Dort wird im Zuge der Modellentwicklung auch die Bestimmung der Parameter anhand von speziell hierfür durchgeführten Messreihen erklärt. Abschließend sei noch einmal darauf hingewiesen, dass das erweiterte Modell auch ohne explizite Abstimmung, also mit der Standardbedatung, die Berücksichtigung des Brennraumwandtemperatureinflusses sowie die Vorhersage der Stickoxidkonzentrationen bei niedrigen globalen Luftverhältnissen ermöglicht. Dies gelingt mit dem Basismodell nach Kožuch nicht und stellt somit bereits mit der Standardbedatung eine deutliche Verbesserung dar.

8.2   Modellvalidierung

Bei der Modellentwicklung in Kapitel 7 wurde die Leistungsfähigkeit des erweiterten Modells bisher nur an den für die Modellentwicklung genutzten Messreihen gezeigt. Eine ausführliche Modellvalidierung kann jedoch nur mit Messdaten erfolgen, welche nicht für die Modellentwicklung verwendet wurden. In diesem Kapitel wird deshalb zunächst das erweiterte Modell den Messdaten aus der Kennfeldvermessung gegenübergestellt. Dort wird sich zeigen ob die Modellerweiterungen den Brennraumwandtemperatur- und Luftmangeleinfluss generell korrekt wiedergeben. Anschließend erfolgt zusätzlich eine Validierung an durchgeführten transienten Messungen von Lastsprüngen.

8.2.1 Stationäre Validierung

Für den Vergleich zwischen dem Basisemissionsmodell nach Kožuch, dem erweiterten Modell und den Messdaten wurden die beiden Modelle gemäß der Erkenntnisse in Kapitel 8.1.1 nach der vereinfachten Methode aus [61] abgestimmt. Hierbei wurde für jedes der beiden Modelle eine separate Abstimmung mit jeweils einem gemeinsamen Parametersatz durchgeführt. Das erweiterte Modell behält zusätzlich die in Kapitel 7.1 bestimmten Parameter zur Berücksichtigung des Wandtemperatureinflusses sowie die in Kapitel 7.2 abgestimmten Parameter zur Berücksichtigung des Luftmangeleinflusses.

In **Abbildung 8.7** sind die Simulationsergebnisse der beiden Modelle zusammen mit den Messdaten dargestellt. Das Verhalten des Basismodells ist bereits aus der Untersuchung der Modellabstimmung in Kapitel 8.1.1 bekannt. Entsprechend fallen zunächst wieder die Betriebspunkte 5, 13, 20, 21, 30 und 32 ins Auge, welche aufgrund ihrer niedrigen Luftverhältnisse eine abbrechende Zumischung zeigen und hierdurch viel zu hohe Stickoxidkonzentrationen mit dem Basismodell nach Kožuch liefern. Die Simulationsergebnisse des erweiterten Modells zeigen jedoch, dass dieses in der Lage ist, die Emissionen auch für die Betriebspunkte mit den niedrigsten globalen λ-Werten vorherzusagen. Auch für die restlichen Betriebspunkte hat sich die Übereinstimmung mit den Messwerten meistens verbessert. Dies lässt sich am besten bei den Ergebnissen ab Betriebspunkt 33 und höher feststellen. Hierbei handelt es sich um die höchsten Drehzahlen von 2000, 2400 und 3000 min^{-1} bei denen der Temperatureinfluss durch die Steigerung der Last zwischen 1 und >20 bar indizierten Mitteldruck am stärksten ausfällt und die λ-Werte noch ausreichend groß sind, so dass der Brennraumwandtemperatureinfluss nicht vom Luftmangeleinfluss überdeckt wird. Bei diesen Betriebspunkten zeigt das erweiterte Modell dank der Berücksichtigung der Brennraumwandtemperaturen eine deutlich bessere Übereinstimmung mit den Messwerten als das Basismodell nach Kožuch.

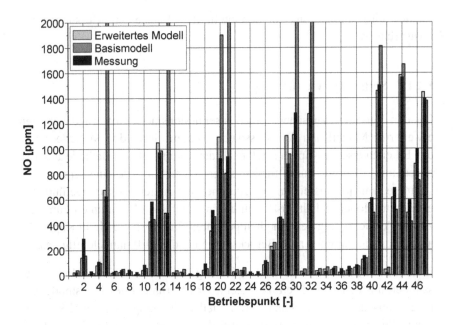

Abbildung 8.7: Modellvalidierung am Kennfeld

Um die Wirkung der beiden Teilmodelle zur Berücksichtigung des Brennraumwandtemperatureinflusses und des Luftmangeleinflusses besser trennen
zu können, wurden zwei weitere Simulationen durchgeführt. Hierfür wurde
für die Simulationsergebnisse, welche in den folgenden beiden Abbildungen
dargestellt sind, jeweils eines der beiden Teilmodelle deaktiviert. Die restliche Abstimmung wurde beibehalten und entspricht somit derjenigen, welche
den Ergebnissen des erweiterten Modells in **Abbildung 8.7** zugrunde lagen.

In **Abbildung 8.8** kann die Wirkung des Teilmodells zur Berücksichtigung
des Wandtemperatureinflusses im Vergleich mit den Messwerten und dem
Basismodell nach Kožuch analysiert werden. Das Teilmodell zur Berücksichtigung des Luftmangeleinflusses wurde für diese Simulation deaktiviert.
Zur besseren Einordnung der Simulationsergebnisse ist dem Diagramm zusätzlich die mittlere Brennraumwandtemperatur überlagert.

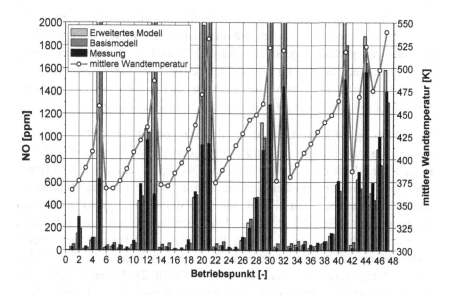

Abbildung 8.8:   Teilmodellvalidierung Wandtemperatureinfluss am Kennfeld

Es zeigt sich, dass für niedrige Temperaturen die simulierten Stickoxid-konzentrationen aus dem erweiterten Modell unter und für höhere Temperaturen über denen aus dem Basismodell liegen. Der Wechsel findet bei einer Temperatur von ca. 450 K statt. Für Betriebspunkte, bei denen in **Abbildung 8.7** zusätzlich das Teilmodell zur Berücksichtigung des Luftmangelein-flusses aktiv war, ergeben sich nun entsprechend schlechtere Übereinstimmungen mit den Messdaten. Bei den Betriebspunkten 5, 13, 20, 21, 30 und 32 ist dies erneut offensichtlich. Es ist aber auch zu erkennen, dass das Teilmodell zur Berücksichtigung des Luftmangeleinflusses für weitere Betriebspunkte aktiv ist, wenn auch nicht derart stark. Werden erneut die letzten Betriebspunkte genauer untersucht, so zeigt sich, dass auch für die Betriebspunkte 41, 44 und 47 nur in Kombination mit dem zweiten Teilmodell korrekte Vorhersagen der Stickoxidemissionen möglich sind. Für die restlichen Betriebspunkte ab Betriebspunkt 33 wirkt einzig das Teilmodell zur Berücksichtigung des Einflusses der Brennraumwandtemperatur. Hier sind dieselben Verbesserungen zu erkennen, wie sie bereits in **Abbildung 8.7** ersichtlich waren. Eine Betrachtung der Betriebspunkte 33 bis 40, welche eine steigende Last bei konstanter Drehzahl von 2000 min^{-1} und damit eine steigende Brennraumwandtemperaturreihe bilden, zeigt, dass auch nach der Berücksichtigung der Wandtemperaturen durch das Modell nicht alle Einflussfaktoren perfekt abgebildet werden. Für niedrige Temperaturen zeigt sich nämlich ebenso wie für die höchste Temperatur eine Verbesserung der Übereinstimmung mit den Messdaten, während die mittleren Temperaturen der Betriebspunkte 36 bis 39 eine Verschlechterung aufweisen.

In **Abbildung 8.**9 kann die Wirkung des Teilmodells zur Berücksichtigung des Luftmangeleinflusses im Vergleich mit den Messwerten und dem Basismodell nach Kožuch analysiert werden. Das Teilmodell zur Berücksichtigung des Brennraumwandtemperatureinflusses wurde für diese Simulation deaktiviert. Zur besseren Einordnung der Simulationsergebnisse ist dem Diagramm zusätzlich das globale Luftverhältnis überlagert. Das Teilmodell zur Berücksichtigung des Luftmangeleinflusses greift bei der verwendeten Parametrierung ab einem globalen Luftverhältnis von ca. 1,45. Für die bereits mehrfach erwähnten Betriebspunkte 5, 13, 20, 21, 30 und 32 zeigt sich die deutlichste Verbesserung, da das Basismodell nicht in der Lage ist diese Betriebspunkte sinnvoll zu simulieren. Im Vergleich zu **Abbildung 8.7** liegen die mit dem erweiterten Modell simulierten Stickoxidemissionen stets höher, es sei denn das Teilmodell zur Berücksichtigung des Luftmangeleinflusses ist aktiv. Dies liegt an der Tatsache, dass das Teilmodell zur Berücksichtigung des Brennraumwandtemperatureinflusses auch für sehr hohe Temperaturen noch eine Randzone modelliert (Stichwort „Convection Vive", siehe Kapitel 7.1) und somit bei ansonsten gleicher Abstimmung ein Teil der verbrannten Zone keine Stickoxide mehr produziert.

Als alternative Darstellung zu den simulierten und gemessenen Stickoxidkonzentrationen in den bisherigen Abbildungen zeigt **Abbildung 8.10** den für jeden Betriebspunkt einzeln auf die Messdaten optimierten Zumischungsparameter c_g für das Basismodell nach Kožuch und das erweiterte Modell. Für ein ideales Modell läge der Parameter für jeden Betriebspunkt auf dem gleichen Wert, es ergäbe sich eine horizontale Linie. Dies würde bedeuten, dass jeder Betriebspunkt mit demselben Parameter die gemessenen Stickoxidkonzentrationen mit der Simulation perfekt trifft. Fehler in der Vorhersage der Stickoxidkonzentrationen durch ein Modell zeigen sich dementsprechend in unterschiedlichen optimalen Werten des Parameters für verschiedene Betriebspunkte.

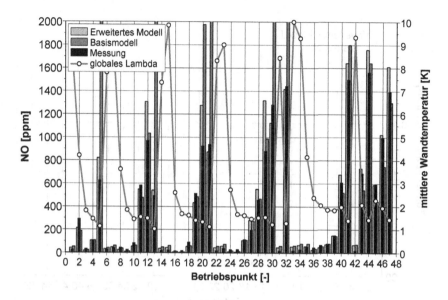

Abbildung 8.9:   Teilmodellvalidierung Luftmangeleinfluss am Kennfeld

Abbildung 8.10 zeigt die optimierten Zumischparameter für das Basismodell nach Kožuch und das erweiterte Modell. Es fällt auf, dass das erweiterte Modell aufgrund der vorhandenen Randzone sowie der ggf. vorhandenen fetten Zone und der dadurch kleineren Zone für die Stickoxidbildung mit kleineren Zumischparametern auskommt. Bei der Abbildung ist jedoch zu beachten, dass bei der Optimierung der Zumischparameter für das Basismodell die Betriebspunkte mit den niedrigsten λ-Werten nicht mit einbezogen wurden, da sie von dem Modell nicht simuliert werden können. Entsprechend ist auch keine Optimierung des Zumischparameters für diese Betriebspunkte möglich (siehe auch Untersuchungen in Kapitel 7.2). Bei Berücksichtigung dieser Betriebspunkte würde eine Optimierung für das Basismodell nach Kožuch sehr hohe Werte für den Zumischparameter liefern.

Zusammenfassend lässt sich festhalten, dass das erweiterte Modell insgesamt eine bessere Vorhersagegüte zeigt. Dies trifft insbesondere dann zu, wenn die Betriebspunkte mit niedrigen globalen Luftverhältnissen in die Betrachtung aufgenommen werden. Für derartige Betriebspunkte ist eine Vorhersage der Stickoxidkonzentrationen überhaupt erst mit dem erweiterten Modell möglich.

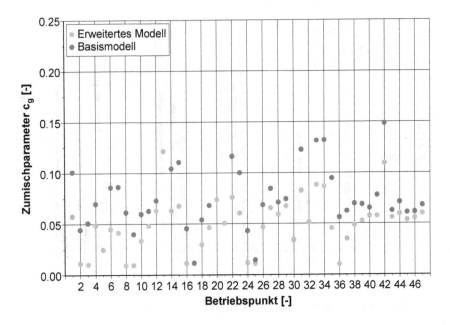

Abbildung 8.10: Streuung des Zumischparameters c_g

8.2.2   Transiente Validierung

Ziel dieser Arbeit war die Verbesserung der Simulation von transienten Emissionen am Dieselmotor. Entsprechend soll das erweiterte Emissionsmodell in diesem Kapitel an transienten Messungen validiert werden. Zunächst sei jedoch darauf hingewiesen, dass die transiente Simulation von Emissionen eine der schwierigsten Aufgaben im Bereich der Motorsimulation darstellt. Hierfür muss nicht nur das Emissionsmodell transientfähig sein, auch alle anderen verwendeten Modelle müssen in der Lage sein das korrekte transiente Verhalten vorherzusagen. Zusätzlich müssen die verwendeten Modelle derart abgestimmt werden, dass nicht nur die stationären Endwerte korrekt getroffen werden, sondern auch der zeitliche Verlauf der simulierten Größen dem gemessenen Verhalten entspricht. Beispielhaft hervorgehoben sei hier der Turbolader: Es genügt nicht mehr, dass sich im Laufe der Simulation der richtige Betriebspunkt des Turboladers mit dem passenden Ladedruck einstellt. Es muss zusätzlich auch der Ladedruckaufbau korrekt wiedergegeben werden, wozu zusätzlich die Trägheit des Turboladers berücksichtigt werden muss. Hieraus resultiert ein erheblich gestiegener Aufwand für transiente Simulationen sowie meist eine reduzierte Ergebnisgüte.

8.2.2.1 Temperaturlastsprünge

Das erweiterte Emissionsmodell wird zunächst an zwei identischen Lastsprüngen bei unterschiedlichen Motortemperaturen validiert. Die entsprechenden Lastsprünge ähneln denen aus Kapitel 6.2.1. Die wichtigsten vorherrschenden Randbedingungen sind in **Tabelle 8.3** zusammengefasst.

Tabelle 8.3: Randbedingungen der Temperaturlastsprünge

Parameter	Wert
Drehzahl	850 min^{-1}
ind. Mitteldruck	1…6 bar
Luftverhältnis	2…8
AGR-Rate	~0 %
Kühlmitteltemperatur	35 bzw. 85 °C
Öltemperatur	35 bzw. 85 °C

Die Lastsprünge erfolgen jeweils von ca. 1 bar indiziertem Mitteldruck auf 6 bar indiziertem Mitteldruck. Ein Lastsprung findet bei kaltem Motor mit einer Kühlmittel- und Öltemperatur von jeweils 35 °C statt während der zweite Lastsprung bei einer Kühlmittel- und Öltemperatur von jeweils 85 °C stattfindet. Somit haben die beiden Lastsprünge unterschiedliche Starttemperaturen der Brennraumwände und zeigen ebenfalls unterschiedliche Sprünge für die Brennraumwandtemperatur. Für das Basismodell nach Kožuch sowie das erweiterte Modell wurde jeweils eine gemeinsame Abstimmung auf die Stickoxidkonzentrationen nach dem warmen und dem kalten Lastsprung durchgeführt, so dass für jedes Modell ein eigener gemeinsamer Parametersatz für beide Lastsprünge vorlag. Das erweiterte Modell behält außerdem die in Kapitel 7.1 abgestimmten Parameter für das Teilmodell zur Berücksichtigung des Brennraumwandtemperatureinflusses und die in Kapitel 7.2 abgestimmten Parameter für das Teilmodell zur Berücksichtigung des Luftmangeleinflusses bei. Aufgrund der vorherrschenden Verbrennungsluftver-hältnisse wird das Teilmodell zur Berücksichtigung des Luftmangeleinflus-ses für die Temperaturlastsprünge jedoch nicht aktiv sein. Die Ergebnisse der Simulation sind zusammen mit den gemessenen Stickoxidkonzentrationen für die beiden Lastsprünge in **Abbildung 8.11** dargestellt.

Insbesondere bei den „kalten" Lastsprüngen sind dort sägezahnförmige Za-cken in den simulierten NO-Verläufen zu erkennen. Zunächst sollen diese Sprünge in den simulierten Stickoxidwerten erklärt werden:

Die Simulation bildet den kontinuierlichen Temperaturanstieg, welcher nach dem Lastsprung auftritt ab. Hierdurch ergeben sich nicht nur unterschiedliche Stickoxidkonzentrationen im Verlauf der Zeit sondern auch geänderte Rand-bedingungen für die restlichen an der Simulation beteiligten Modelle. Konk-ret kommt es nun zu einem Problem mit dem Verbrennungsmodell. Dieses reagiert auf eine Veränderung der Brennraumwandtemperatur unter anderem mit einem geänderten Zündverzug. Da diese Änderung nur in diskreten Schritten erfolgt und die Aufteilung der Verbrennung in Premixed- und Dif-fusionsanteil bei der vorhandenen Abstimmung recht sensibel auf diese Än-derungen reagiert, entstehen mit den Sprüngen im Zündverzug auch Sprünge in den Verläufen der Gastemperatur und damit in den simulierten Stickoxid-konzentrationen. Dieses Verhalten ist für den kalten Lastsprung besonders stark ausgeprägt, da hier die größere Temperaturänderung entsteht und ent-sprechend eine größere Änderung im Zündverzug folgt. Die entsprechenden Sprünge in den simulierten Stickoxidemissionen in **Abbildung 8.11** sind somit nicht den Emissionsmodellen sondern dem verwendeten Verbren-nungsmodell (siehe Kapitel 3.3.1) geschuldet und ließen sich im Rahmen dieser Arbeit nicht vermeiden.

Das Basisemissionsmodell nach Kožuch zeigt beim Vergleich mit den Mess-daten eine viel zu geringe Spreizung der Ergebnisse für den warmen und den kalten Lastsprung. Für die konkreten Lastsprünge wird sogar eine falsche Tendenz wiedergegeben. Das Basismodell simuliert bei einer gemeinsamen Abstimmung für beide Lastsprünge auf die gemessenen Stickoxidkonzentra-tionen nach den Lastsprüngen für den kalten Lastsprung höhere Stickoxid-konzentrationen als für den warmen. Die durch die verschiedenen Tempera-turniveaus hervorgerufenen Unterschiede in den Randbedingungen der beiden Lastsprünge liefern somit beim Basismodell einen den gemessenen Stickoxidkonzentrationen entgegengesetzten Trend.

Beim erweiterten Modell entspricht der Trend dem gemessenen Verhalten: Der warme Lastsprung liefert höhere simulierte Stickoxidkonzentrationen als der kalte. Zusätzlich zum richtigen Vorzeichen der Differenz fällt diese auch wesentlich größer aus. Während die Emissionen des kalten Lastsprungs nach dem Lastsprung sehr gut getroffen werden, liegen sie für den warmen Lastsprung nur geringfügig unter den gemessenen Werten. Ebenso entfallen die vom Basismodell nach Kožuch simulierten, stark ausgeprägten Emissionsspitzen unmittelbar nach den Lastsprüngen mit dem erweiterten Modell weitestgehend.

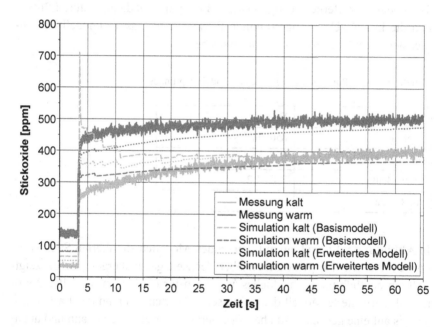

Abbildung 8.11: Modellvalidierung an Temperaturlastsprüngen – kalt und warm

8.2.2.2 Lambdalastsprung

Mit den Temperaturlastsprüngen im vorigen Abschnitt konnte die Abbildung des Brennraumwandtemperatureinflusses durch das erweiterte Modell in transienten Simulationen validiert werden. Zur Validierung der Abbildung des Luftmangeleinflusses für transiente Bedingungen erfolgt nun die Betrachtung eines weiteren Lastsprunges. Die Randbedingungen dieses Lambdalastsprungs sind in **Tabelle 8.4** zusammengefasst.

Es handelt sich um einen Lastsprung von Nulllast auf Volllast bei niedriger Drehzahl. Entsprechend stellt sich eine große Spreizung zwischen dem Verbrennungsluftverhältnis zu Beginn des Lastsprungs und dem zum Ende des Lastsprungs ein. Dies sind ideale Voraussetzungen zur Validierung des neuen Teilmodells zur Berücksichtigung des Luftmangeleinflusses. Hierfür wurden sowohl das erweiterte Modell als auch das Basismodell auf die gemessene Stickoxidkonzentration vor dem Lastsprung abgestimmt. Das erweiterte Modell behält außerdem die in Kapitel 7.1 abgestimmten Parameter für das Teilmodell zur Berücksichtigung des Brennraumwandtemperatureinflusses und die in Kapitel 7.2 abgestimmten Parameter für das Teilmodell zur Berücksichtigung des Luftmangeleinflusses bei.

Tabelle 8.4:   Randbedingungen des Lambdalastsprunges

Parameter	Wert
Drehzahl	850 min^{-1}
ind. Mitteldruck	1...12 bar
Luftverhältnis	7,4...1,2
AGR-Rate	~0 %

In **Abbildung 8.12** sind die mit den beiden Modellen simulierten Stickoxidkonzentrationen den gemessenen über der Zeit gegenübergestellt. Es zeigt sich ein deutlich unterschiedliches Verhalten für die beiden Modelle. Während das erweiterte Modell den gemessenen Werten während des Lastsprunges bis auf eine geringe zeitliche Verzögerung sehr gut folgen kann und auch den Verlauf und die absoluten Werte nach dem Lastsprung gut wiedergibt, gilt dies für das Basismodell nach Kožuch nicht. Das Basismodell reagiert noch langsamer auf den Lastsprung und zeigt vor allem nicht den in der Messung sichtbaren Abfall der Stickoxidkonzentrationen nach dem Erreichen eines Maximalwertes. Stattdessen ergibt sich mit dem Basismodell ein mehr oder minder kontinuierlicher Anstieg der Stickoxidemissionen bis zum Ende der Simulation.

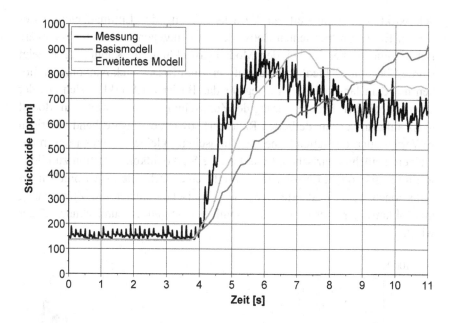

Abbildung 8.12: Lambdalastsprung – NO über Zeit

Die alternative Darstellung aus Kapitel 6.2 mit den simulierten und gemessenen Stickoxidkonzentrationen über dem Luftverhältnis ist in **Abbildung 8.13** gegeben. In dieser Darstellung wird die fehlerhafte Vorhersage der Stickoxidemissionen für niedrige Luftverhältnisse durch das Basismodell besonders deutlich. Für fallende λ-Werte steigen die Emissionen zunächst für beide Modelle ebenso wie für die Messung an. Bei $\lambda = 1,58$ für die Messung bzw. $\lambda = 1,46$ für das erweiterte Modell fallen die Stickoxidemissionen wieder ab. Das Basismodell nach Kožuch zeigt dieses Verhalten nicht, sondern stetig und sogar zunehmend steiler steigende Stickoxidkonzentrationen.

Eine falsche Vorhersage der Stickoxidkonzentration nach dem Lastsprung durch das Basismodell nach Kožuch war aufgrund des niedrigen Luftverhältnisses zu erwarten, da hierdurch die in Kapitel 7.2 beschriebene Modellschwäche bei solchen Bedingungen wirkt. Die graduelle Erhöhung der eingespritzten Kraftstoffmasse in der Simulation bewirkt ein entsprechendes, langsames Abfallen des Luftverhältnisses wodurch dieser Effekt immer stärkeren Einfluss auf das Simulationsergebnis gewinnt. Beim erweiterten Modell wirkt das Teilmodell zur Berücksichtigung des Luftmangeleinflusses diesem Effekt im transienten Betrieb ebenso entgegen, wie es für stationäre Betriebspunkte bereits bei der Modellentwicklung in Kapitel 7.2 gezeigt wurde. Der unterschiedliche Verlauf der simulierten Stickoxidkonzentrationen mit dem langsameren Anstieg für das Basismodell erklärt sich aus der unterschiedlichen Parametrierung der Zumischung. Beim erweiterten Modell muss aufgrund der modellierten Randzone sowie bei entsprechend niedrigen λ-Werten auch der fetten Zone die Zumischung kleiner ausfallen um in der kleineren stöchiometrischen Zone dieselbe Stickoxidkonzentration zu bilden wie im Basismodell. Entsprechend ergibt sich ein schnelleres Ansprechen der Emissionen beim Lastsprung, da der Zumischparameter die Zumischung multiplikativ herunter skaliert und somit bei steigender Zumischung stärker wirkt.

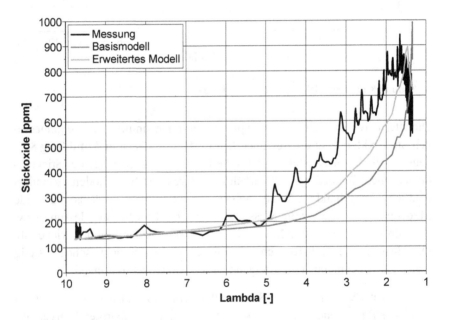

Abbildung 8.13: Lambdalastsprung – NO über λ

9 Ausblick

Da das Emissionsmodell nach Kožuch als phänomenologisches Modell auf sich ändernde Randbedingungen wie Ladedruck, AGR-Rate, Gemischtemperatur und Raildruck sinnvoll reagiert, konnte es bereits bisher für transiente Simulationen genutzt werden. Es lief dann in Grenzen hinein, wenn im Transienten Randbedingungen auftraten, die auch im stationären nicht abgebildet werden konnten. Dies waren zum einen Zustände nahe einem stöchiometrischen Luftverhältnis, die im Transienten auf Grund der Zeit bis zum Ausspülen der AGR und auf Grund des Ansprechverhaltens des Turboladers häufig auftreten können. Zum anderen war dies die fehlende Berücksichtigung eines direkten Wandtemperatureinflusses auf die NO-Bildung. Beide Effekte können mit den in dieser Arbeit vorgestellten Modellerweiterungen nun sehr gut abgebildet werden.

Nach gegenwärtigem Stand des Wissens sind keine weiteren Effekte bezüglich der Stickoxidbildung bekannt, die nur im Transienten auftreten. Das erweiterte Stickoxid-Modell kann daher als voll transientfähig eingestuft werden. Für eine weitere Verbesserung der Ergebnisgüte müsste die Vorhersagegüte im Stationären verbessert werden. Dort ist auch eine exakte messtechnische Erfassung der NO-Emissionen deutlich einfacher. Anschließend würde eine solche Verbesserung dann auch automatisch zu einer Verbesserung im Transienten führen. Beispielhaft könnte untersucht werden, wie die NO-Bildung von der Aufteilung in Premixed- und Diffusionsverbrennung beeinflusst wird. Sollte sich hier eine deutliche Korrelation zeigen, so kann eine Verbesserung der stationären Vorhersage der NO-Emissionen mittels einer direkten Kopplung an ein geeignetes Brennverlaufsmodell erzielt werden. Gemäß **Abbildung 5.2** zeigt sich eine gewisse Verschiebung der Aufteilung in Premixed- und Diffusionsverbrennung auch bei unterschiedlichen Brennraumwandtemperaturen wodurch diese Verbesserung der stationären Vorhersagegüte sich auch über diese Wirkkette in einer verbesserten transienten Vorhersage der NO-Emissionen niederschlagen würde.

Die Vorhersage der Emissionen eines Dieselmotors bleibt eine der anspruchsvollsten Aufgaben im Bereich der 0D/1D-Simulation. Dies kann jedoch auch als Potenzial für eine weitere Verbesserung der Emissionsmo-

delle gesehen werden. Interessant im Zusammenhang mit dieser Arbeit könnte die Entwicklung eines HC/CO-Modells sein, da hier mit einer großen
Schnittmenge mit den in dieser Arbeit gewählten Modellvorstellungen und
Modellierungen zu rechnen ist. So ist die CO-Bildung von fetten und mageren Zonen im Brennraum abhängig [62] womit sich eine Schnittstelle zum in
dieser Arbeit vorgestellten Modellierungsansatz mit einer stöchiometrischen
und einer fetten virtuellen Zone zur Beschreibung der NO-Bildung bei global
beinahe stöchiometrischen Bedingungen ergibt. Für die HC-Bildung sind die
Effekte des Wall- und Flame-Quenchings relevant [63], [64], [65]. Zur Beschreibung der HC-Emissionen aus dem Wall-Quenching (Verlöschen der
Flamme vor der Brennraumwand aufgrund zu hoher Wärmeverluste) könnte
der Ansatz zur Beschreibung des direkten Wandtemperatureinflusses auf die
NO-Emissionen aus dieser Arbeit erweitert werden. Für die Modellierung der
HC-Emissionen aufgrund Flame-Quenchings (Verlöschen der Flamme in zu
fetten oder zu mageren Zonen) bietet sich, wie bereits für die Beschreibung
der CO-Bildung, eine Erweiterung des in dieser Arbeit vorgestellten Model-
lierungsansatzes mit stöchiometrischer und fetter virtueller Zone an.

Literaturverzeichnis

[1] D. Naber, S. Motz, M. Krüger und J. Gerhardt, „Approaches for optimising the transient behaviour of diesel engines in terms of emissions and fuel consumption," in *11th Stuttgart International Symposium - Automotive and Engine Technology*, Stuttgart, 2011.

[2] M. Wüst, M. Krüger, D. Naber, L. Cross, A. Greis, S. Lachenmaier und I. Stotz, „Operating strategy for optimized CO_2 and NO_x emissions of diesel-engine mild-hybrid vehicles," in *15th Stuttgart International Symposium - Automotive and Engine Technology*, Stuttgart, 2015.

[3] K. Reif, Hrsg., Dieselmotor-Management: Systeme, Komponenten, Steuerung und Regelung, Wiesbaden: Springer Vieweg, 2012.

[4] D. Gruden, Umweltschutz in der Automobilindustrie, Wiesbaden: Vieweg + Teubner, 2008.

[5] G. Höhne, Untersuchung zur oxidativen Regeneration von Diesel-Partikelfiltern, Dissertation: Universität Hannover, 2005.

[6] K. Reif, Hrsg., Moderne Diesel-Einspritzsysteme - Common Rail und Einzelzylindersysteme, Plochingen: Vieweg + Teubner Verlag, 2010.

[7] T. Gerthsen, Chemie für den Maschinenbau 1: Anorganische Chemie für Werkstoffe und Verfahren, Karlsruhe: Universitätsverlag Karlsruhe, 2006.

[8] J. Warnatz und U. Maas, Technische Verbrennung: Physikalisch-Chemische Grundlagen, Modellbildung, Schadstoffentstehung, Berlin: Springer-Verlag, 2013.

[9] I. Blei, „Alternative Kraftstoffe im varialen Pkw-Dieselmotor," *Fuels Joint Research Group - Interdisziplinäre Krafstoffforschung für die Mobilität der Zukunft*, Bd. 7, 2014.

[10] R. Golloch, Downsizing bei Verbrennungsmotoren: Ein wirkungsvolles Konzept zur Kraftstoffverbrauchssenkung, Berlin: Spinger-Verlag, 2005.

[11] G. P. Merker und C. Schwarz, Grundlagen Verbrennungsmotoren: Funktionsweise, Simulation, Messtechnik, R. Teichmann, Hrsg., Wiesbaden: Vieweg + Teubner Verlag, 2011.

[12] J. B. Zeldovich, „The Oxidation of Nitrogen in Combustion and Explosions," *Acta Physicochimica,* Nr. 21, pp. 577-628, 1946.

[13] G. A. Lavoie, J. B. Heywood und J. C. Keck, „Experimental and Theoretical Investigation of Nitric Oxide Formation in Internal Combustion Engines," *Combustion Science and Technology,* Nr. 1, pp. 313-326, 1970.

[14] P. Kožuch, Ein phänomenologisches Modell zur kombinierten Stickoxid- und Rußberechnung bei direkteinspritzenden Dieselmotoren, Dissertation: Universität Stuttgart, 2004.

[15] P. Alberti, Von der Gemischbildung zu den Schadstoffemissionen im Dieselmotor auf direktem Weg, Dissertation: Otto-von-Guericke-Universität Magdeburg, 2010.

[16] S. P. Wenzel, Modellierung der Ruß- und NO_x-Emissionen des Dieselmotors, Dissertation: Otto-von-Guericke-Universität Magdeburg, 2006.

[17] G. Heider, Rechenmodell zur Vorausrechnung der NO-Emission von Dieselmotoren, Dissertation: Technische Universität München, 1996.

[18] K. Mollenhauer und H. Tschöke, Handbuch Dieselmotoren, 3. Auflage Hrsg., Berlin: Springer Berlin Heidelberg New York, 2007.

[19] C. P. Fenimore, „Formation of Nitric Oxide in Premixed Hydrocarbon Flames," *Symposium (International) on Combustion,* Bd. 13, Nr. 1, pp. 373-380, 1971.

[20] P. Gerlinger, Numerische Verbrennungsssimulation - Effiziente nume-rische Simulation turbulenter Verbrennung, Stuttgart: Springer-Verlag, 2005.

[21] Q. Cui, K. Morokuma, J. M. Bowman und S. J. Klippenstein, „The spin-forbidden reaction CH($^2\Pi$)+N$_2 \to$HCN+N(^{4}S) revisited. II. Nonadiabatic transition state theory and application," *Journal of Chemical Physics,* Bd. 110, Nr. 19, pp. 9469-9482, 15. Mai 1999.

[22] L. Moskaleva, W.-S. Xia und M.-C. Lin, „The CH + N$_2$ reaction over the ground electronic doublet potential energy surface: a detailed transition state search," *Chemical Physics Letters,* pp. 269-277, 1. Dezember 2000.

[23] F. Joos, Technische Verbrennung - Verbrennungstechnik, Verbren-nungsmodellierung, Emissionen, Hamburg: Springer-Verlag Berlin Heidelberg, 2006.

[24] G. Merker, C. Schwarz, G. Stiesch und F. Otto, Vebrennungsmotoren: Simulation der Verbrennung und Schadstoffbildung, Wiesbaden: B. G. Teubner, 2006.

[25] R. Pischinger, M. Kell und T. Sams, Thermodynamik der Verbren-nungskraftmachine, Wien: SpringerWienNewYork, 2009.

[26] P. Amnéus, F. Mauss, M. Kraft, A. Vressner und B. Johansson, „NO$_x$ and N$_2$O formation in HCCI engines," *SAE Technical Paper 2005-01-0126,* 11. April 2005.

[27] „Verordnung zum Neuerlass der Straßenverkehrs-Zulassungs-Ord-nung" *Bundesgesetzblatt,* Bd. I, Nr. 18, pp. 679-952, 4. Mai 2012.

[28] „Regelung Nr. 83 der Wirtschaftskommission der Vereinten Nationen für Europa (UNECE) - Einheitliche Bedingungen für die Genehmigung der Fahrzeuge hinsichtlich der Emission von Schadstoffen aus dem Motor entsrpechend den Kraftstofferfordernissen des Motors" *Amtsblatt der Europäischen Union,* 3. Juli 2015.

[29] J. Schmitt, Aufbau und Erprobung eines in-situ NO/NO_y-Mess-Systems am Höhenforschungsflugzeug M55-Geophysica, Dissertation: Ludwig-Maximilians-Universität München, 2003.

[30] G. A. Stratmann, Stickoxidmessungen in der Tropopausenregion an Bord eines Linienflugzeugs: Großräumige Verteilung und Einfluss des Luftverkehrs, Dissertation: Technische Universität München, 2013.

[31] P. De Jaegher, Das thermodynamische Gleichgewicht von Verbrennungsgasen unter Berücksichtigung der Rußbildung, Dissertation: Technische Universität Graz, 1976.

[32] K. Pattas und G. Häfner, „Stickoxidbildung bei der ottomotorischen Verbrennung," *Motortechnische Zeitschrift,* Bd. 34, Nr. 12, pp. 397-404, 1973.

[33] H. Hiroyasu, T. Kadota und M. Arai, „Development and Use of a Spray Combustion Modeling to Predict Diesel Engine Efficiency and Pollutant Emissions (Part 1 Combustion Modeling)," *Bulletin of the JSME,* Bd. 26, Nr. 214, pp. 569-575, April 1983.

[34] H. Hiroyasu, T. Kadota und M. Arai, „Development and Use of a Spray Combustion Modeling to Predict Diesel Engine Efficiency and Pollutant Emissions (Part 2 Computational Procedure and Parametric Study)" *Bulletin of the JSME,* Bd. 26, Nr. 214, pp. 576-583, April 1983.

[35] Gamma Technologies, GT-Suite - Engine Performance Application Manual, Version 7.4 Hrsg., Westmont: Gamma Technologies, 2014.

[36] B. Hohlbaum, „Beitrag zur rechnerischen Untersuchung der Stickstoffoxid-Bildung schnelllaufender Hochleistungsdieselmotoren" Dissertation, Universität Fridericiana Karlsruhe, 1992.

[37] F. Pischinger, Hrsg., Abschlussbericht Sonderforschungsbereich 224 "Motorische Verbrennung", Aachen: RWTH Aachen, 2001.

[38] D. Rether, Modell zur Vorhersage der Brennrate bei homogener und teilhomogener Dieselverbrennung, Dissertation: Universität Stuttgart, 2012.

[39] P. Kožuch, K. Maderthaner, M. Grill und A. Schmid, „Simulation der Verbrennung und Schadstoffbildung bei schweren Nutzfahrzeugen der Daimler AG," *9. Internationales Symposium für Verbrennungsdiagnostik, 8./9. Juni 2010*.

[40] M. Grill, A. Schmid, D. Rether und M. Bargende, „Vorhersagefähige 0D/1D-Simulation als Werkzeug im Motorentwicklungsprozess," *12. Symposium Dieselmotorentechnik, 8./9. Dezember 2011*.

[41] M. Grill, M. Bargende, D. Rether und A. Schmid, „Quasi-dimensional and Empirical Modeling of Compression-Ignition Engine Combustion and Emissions," *SAE Technical Paper 2010-01-0151, 12 April 2010*.

[42] D. Rether, A. Schmid, M. Grill und M. Bargende, „Quasidimensionale Simulation der Dieselverbrennung mit Vor- und Nacheinspritzungen," *MTZ - Motortechnische Zeitschrift, Nr. 10/2010*, pp. 742-748, 2010.

[43] D. Rether, M. Grill, A. Schmid und M. Bargende, „Quasi-Dimensional Modeling of CI-Combustion with Multiple Pilot- and Post Injections," *SAE Technical Paper 2010-01-0150, 12 April 2010*.

[44] G. Pirker, F. Chmela und A. Wimmer, „ROHR Simulation for DI Diesel Engines Based on Sequential Combustion Mechanisms," *SAE Technical Paper 2006-01-0654, 03 April 2006*.

[45] C. Barba, Erarbeitung von Verbrennungskennwerten aus Indizierdaten zur verbesserten Prognose und rechnerischen Simulation des Verbrennungsablaufes bei Pkw-DE-Dieselmotoren mit Common-Rail-Einspritzung, Dissertation: Eidgenössische Technische Hochschule Zürich, 2001.

[46] B. Kaal und M. Sosio, Instationäre Modellierung der Partikel- und Stickstoffoxid-Emssion am Dieselmotor, Stuttgart: Forschungsvereinigung Verbrennungskraftmaschinen e. V., 2014.

[47] G. Doll, H. Fausten, R. Noell, J. Schommers, C. Spengel und P. Werner, „Der neue V6-Dieselmotor von Mercedes-Benz," *MTZ – Motortechnische Zeitschrift*, Nr. 09, pp. 624-634, 2005.

[48] P. Werner, J. Schommers, H. Breitbach und C. Spengel, „Der neue V6-Dieselmotor von Mercedes-Benz," *MTZ - Motortechnische Zeitschrift*, Nr. 05, pp. 366-373, 2011.

[49] Cambustion, „www.cambustion.com," [Online]. Available: http://www.cambustion.com/sites/default/files/instruments/CLD500/Cambustion500 seriesgasanalyzers.pdf. [Zugriff am 25. Oktober 2015].

[50] M. Heinle, Ein verbesserter Berechnungsansatz der instationären Wandwärmeverluste in Verbrennungsmotoren, Dissertation: Universität Stuttgart, 2013.

[51] M. Grill, Objektorientierte Prozessrechnung von Verbrennungsmotoren, Dissertation: Universität Stuttgart, 2006.

[52] G. Woschni, K. Kolesa und W. Spindler, „Untersuchung des Verhaltens eines Dieselmotors mit wärmedichtem Brennraum," in s *Forschungsberichte Verbrennungskraftmaschinen*, Bd. 311, Frankfurt am Main, Forschungsvereinigung Verbrennungskraftmaschinen eV, 1986.

[53] W. Spindler und K. Kolesa, „Ermittlung des Wärmeübergangskoeffizienten bei hohen Wandtemperaturen," in s *Forschungsberichte Verbrennungskraftmaschinen*, Bd. 399, Frankfurt am Main, Forschungsvereinigung Verbrennungskraftmachinen eV, 1987.

[54] N.-N. Nguyen, Über den Einfluss der Wandtemperatur auf die Reaktionsbedingungen in der Grenzschicht und insbesondere auf den konvektiven Wärmeübergang einer Propan-Luftflamme, Dissertation: Universität Kaiserslautern, 1983.

[55] C. Eiglmeier, Phänomenologische Modellbildung des gasseitigen Wandwärmeüberganges in Dieselmotoren, Dissertation: Universität Hannover, 2000.

[56] S. Edwards, J. Eitel, E. Pantow, R. Lutz, R. Dreisbach und M. Glensvig, „Emissionskonzepte und Kühlsysteme für Euro 6 bei schweren Nutzfahrzeugen," *MTZ - Motortechnische Zeitschrift,* Bd. 69, Nr. 9, pp. 690-700, 2008.

[57] H. Schmidt und J. Badur, „From laboratory to road - Real Driving Emissions," *16th Stuttgart International Symposium,* 15 März 2016.

[58] M. Lau, R. Suteekarn, G. Lautrich, M. Pannwitz und T. Tietze, „Concept for lower raw engine emission covering full engine map operation," *16th Stuttgart International Symposium,* 15 März 2016.

[59] T. Braun, P. Lückert, F. Duvinage und A. Mackensen, „Mercedes-Benz diesel technology OM654 near-engine-mounted SCR system for WLTP and RDE," *16th Stuttgart International Symposium,* 15 März 2016.

[60] M. Auerbach, M. Ruf, M. Bargende, H.-C. Reuss und I. Kutschera, „Dieselhybrid - Vom mathematischen Modell zum Prototypen," *12. Symposium Dieselmotorentechnik,* 9 Dezember 2011.

[61] Forschungsinstitut für Kraftfahrwesen und Fahrzeugmotoren Stuttgart, Bedienundsanleitung zur GT-Power-Erweiterung FkfsUserCylinder, Version 2.4.0, Stuttgart: FKFS, 2014.

[62] H. Rohs, M. Becker, A. Greis und P. Wieske, Reduktionspotential für Ruß und CO, Aachen: Forschungsvereinigung Verbrennungskraftmaschinen e. V., 2004.

[63] A. Schmitt, Beitrag zur NOx Emissionsminderung für Niedrig-Emissions-Fahrzeuganwendungen mittels Selektiver-Katalytischer-Reduktion, Dissertation: Universität Darmstadt, 2013.

[64] K. Schintzel, Kohlenwasserstoff-Emissionen eines Motors mit Benzin-Direkteinspritzung und wandgeführtem Brennverfahren, Dissertation: Otto-von-Guericke-Universität Magdeburg, 2005.

[65] A. Ratzke, Modellierung der Flammenausbreitung und des Flammen-löschens im Gasmotor, Dissertation: Gottfried Wilhelm Leibniz Universität Hannover, 2013.

Anhang

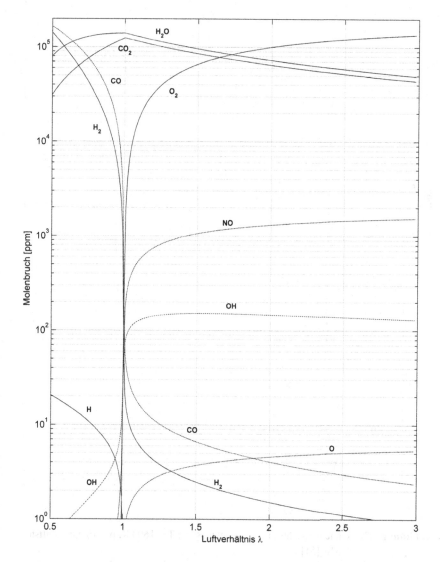

Abbildung 9.1: Gleichgewichtszusammensetzung bei T = 1600 K, p = 1 bar, Kraftstoff C_8H_{18} [51]

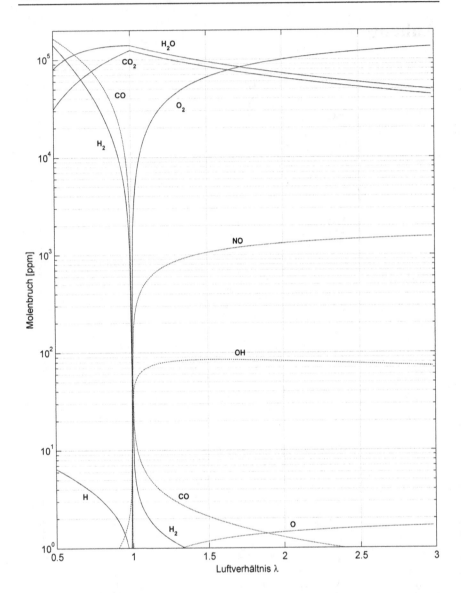

Abbildung 9.2: Gleichgewichtszusammensetzung bei T = 1600 K, p = 10 bar, Kraftstoff C_8H_{18} [51]

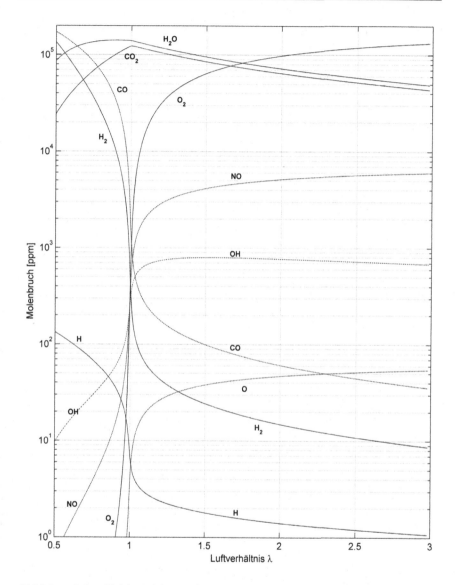

Abbildung 9.3: Gleichgewichtszusammensetzung bei T = 2000 K, p = 20 bar, Kraftstoff C_8H_{18} [51]

Printed in the United States
By Bookmasters